生成AIを用いた新しいデザインの作り方
はじめてのAIデザイン

ingectar-e

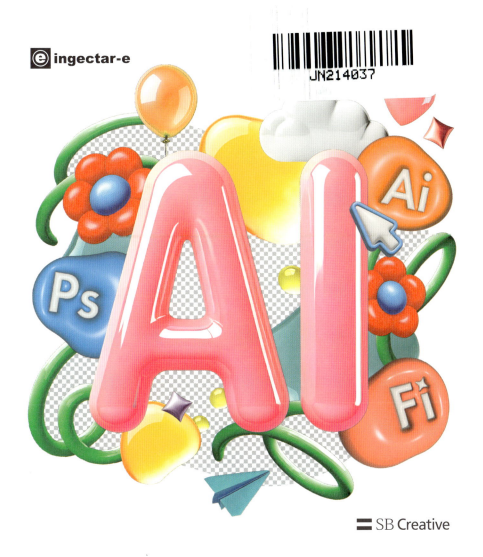

SB Creative

Introduction はじめに

まずは、下の白いうさぎの写真が載った真冬の特大セールのポスターを見てください！これでも十分素敵なデザインだと思いますが、いまいちセールの「お買い物感」や「真冬感」が視覚的に伝わらないような気がします。

BEFORE → AI 使用前

写真が普通すぎる。もう少しインパクトが欲しい。

うさぎに帽子とセーターを着せて…

このデザインは「うさぎに服を着せる」という非現実的な画像加工を行うことでインパクトを出せましたが、このような加工をするのはすごく大変で、多くの労力と時間が必要なのではないかと思うかもしれません。しかし、実は5分ほどしか時間がかかっていないのです！

そこで、うさぎに暖かそうな服を着せられないか、もっと可愛く見せられないかと考え、白いうさぎに暖かそうな帽子とセーターを着せてみました。これなら、セールの「お買い物感」や「真冬感」がさらによく伝わるようになったと思いませんか？

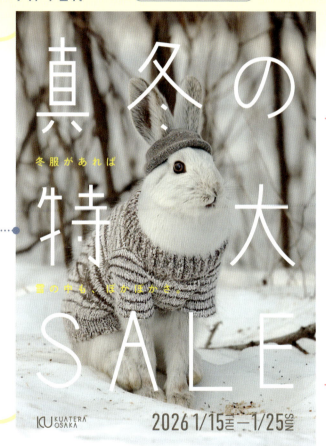

AFTER → AI使用+デザイン調整後

真冬の特大SALE
冬服があれば
雪の中も、ぽかぽかさ。
2026 1/15 FRI — 1/25 SUN
KU KUATERA OSAKA

現実離れした加工でインパクト大に！

本書で紹介している生成AIを使えば、思い描いたアイデアを簡単に形にすることができます（P126参照）。作業効率が向上し、新しい表現を生み出すことが可能になります。生成AIは私たちデザイナーの「新しい武器」となる時代が来たのです。

この他にも便利機能があるよ

アドビの生成AIは他にも便利な機能が盛りだくさん！

今までうまくできなくて困っていたことや、「あったらいいのにな」と思う表現や加工がアドビの生成AIを使えば簡単に形にすることができます。

✦ 生成拡張 (Photoshop)

横長の画像を使って、縦長のポスターを作成するのはとても難しいことですが、生成AIを使って背景を拡張すれば解決します！

縦長の画像にしたい...人物の足まで映らないかな...

生成拡張で解決！

✦ 生成ベクター (Illustrator)

ペンツールのパスでベクターデータを作ったり、図形を繋ぎ合わせてワンポイントのパーツなどを作る時間がないときに時短技として使えます。

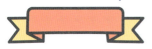

作る時間がないときや、素材を探す時間がないときに便利！

リボンやうさぎ、旗などのベクターイラストが生成できる！

✦ 画像を繋ぎ合わせる　Photoshop

生成AIで画像を繋ぎ合わせることで面白い表現にすることも可能です。景色同士を繋げると、時間の流れを感じさせることもできる、とても便利な機能です。

✦ 素材を合成　Firefly

ベタのベクターデータと、素材を合わせて新しい素材を作ることも可能です。この機能を使えば簡単に新しい表現を作ることができます。

How to use this book 本書の使い方

(1-2page)

❶ 作例BEFORE

生成AIを使用していないデザインの作例。❸の作例の調整前の作例です。デザイナーがなんとかして、より良くしたいと考えている状態です。

❷ 生成AI箇所

ここでは作例の中で生成AIを使ってブラッシュアップをかけた箇所とその理由を解説しています。

❸ 作例AFTER

生成AIを使用し、素材の制作やデザインの配置、新しい発想を取り入れた表現などの調整を行っています。BEFOREと何が変わったか見比べてください。

(3-4page)

❹ デザインのコツ

デザインのポイントを1つずつ解説しています。❷のBEFOREの作例からどのように調整したかポイントが記載されているのでデザインのコツがわかります。

❺ デザインの詳細

生成AIを使う時代になってもデザインの知識は絶対に必要です。構図、配色、フォントなどの情報が載っており、すぐにマネすることができます。

❻ AI Recipe

3つのStepでAIの操作方法を説明しています。右上の使用ツールを確認すればどのアプリケーションで使えるかもわかります。AIを操作するときはここを見てください。

7

Contents 目次

Chapter ① 生成AIについて知ろう

デザイナーと生成AI 14

Photoshop の生成AI 16

Photoshop の操作方法 18

Illustrator の生成AI 20

Illustrator の操作方法 22

生成AIの権利や著作権について 25

Firefly とは 26

Firefly の操作方法 28

Chapter ② 画像生成

01 影を作って奥行きをだす 34

02 生成AIで写真の範囲を広げる 38

03 画面いっぱいのお花を作る 42

04 水墨画風のイラストで年賀状 46

05 柄を生成してパッケージに 52

06 丸いガラスを敷いてクリアに 56

07 立方体で空間のあるデザイン 60

08 写真を水彩に変えてみる 66

09 生成イラストは加工と相性抜群 70

10 ホログラムで個性的に 74

✦Column 画像の解像度をアップさせる 78

Chapter ③ 生成ベクター

11	ベクターイラストでキャラ作り	82
12	生成AIでスタンプ作成	86
13	横顔ストーリー	90
14	かわいい柄でにぎやかに	94
15	お花の生成ベクターでオシャレ	98
16	手書きイラストでデザインを作る	102
17	生成ベクターをぼかして配置	106
18	お花のフレームでにぎやかに	110
19	生成ベクターでロゴ作り	114

Column スタイル参照を使おう …… 118

Chapter ④ 画像合成

20	写真を組み合わせて水面を作る	122
21	動物に服を着せてオシャレに	126
22	立体的なぷっくりフレーム	130
23	画像と画像を繋ぎ合わせる	134
24	雪を降らせる	138
25	イラストに色を着彩	142
26	背景を変えてイメチェン	146
27	面白デコレーション	150
28	服装チェンジ	154
29	図形のくり抜き背景	158

Column 理想の生成ができないとき …… 162

Chapter ⑤ タイポグラフィ

30	素材と文字を組み合わせる	166
31	タイトル周りをにぎやかに	172
32	バルーン文字でお祝い気分	178
33	あわあわ素材をくり抜く	184
34	うるつや文字を作ろう	190
35	ゼロから筆記体	196

Prompt アイデア集 202

本書で紹介しているアドビの生成AI「Adobe Firefly」は、安全に商用利用できる生成AIです。デザインを制作する際に安心してご利用いただけます。ただし、実際の風景を主とする広告や、製品写真を使うデザインでは生成AIを使って生成した部分が、虚偽にならないか十分注意が必要です。また、人物の顔や手、足など、まだ苦手なところもあります。できあがったデザインに問題がないか、必ず確認して利用するようにしましょう。P25のColumnも参照してください。

■本書で紹介する内容は執筆時の最新バージョンであるAdobe Photoshop、Adobe Illustrator、Adobe Firefly、MacOS、Windowsの環境下で動作するように作られています。

■生成AIは、常に進化を続けています。将来のアップデートによって手順やインターフェースが変更されたり、同じプロンプトを使用しても同じ結果が得られない場合があります。

■本書内に記載されている会社名、商品名、製品名などは一般に各社の登録商標または商標です。本書中では®、™マークは明記しておりません。なお、本書内の作例に記載されている会社名、商品名、製品名、店舗名、住所、URLなどはすべて架空のものになります。

■本書の出版にあたっては正確な記述に努めましたが、本書の内容に基づく運用結果について、著者およびSBクリエイティブ株式会社は一切の責任を負いかねますのでご了承ください。

■本書ではApache License 2.0に基づく著作物を使用しています。

©2025 ingectar-e　本書の内容は著作権法上の保護を受けています。著作権者・出版権者の文書による許諾を得ずに、本書の一部または全部を無断で複写・複製・転載することは禁じられております。

＼ 本書に関するお問い合わせ ／

この度は小社書籍をご購入いただき誠にありがとうございます。小社では本書の内容に関するご質問を受け付けております。本書を読み進めていただきます中でご不明な箇所がございましたらお問い合わせください。なお、お問い合わせに関しましては下記のガイドラインを設けております。恐れ入りますが、ご質問の際は最初に下記ガイドラインをご確認ください。

ご質問の前に

小社Webサイトで「正誤表」をご確認ください。最新の正誤情報をサポートページに掲載しております。

▶ 本書サポートページ　　URL　https://isbn2.sbcr.jp/31307/　

上記ページの「サポート情報」から「正誤情報」のリンクをクリックしてください。なお、正誤情報がない場合、リンクをクリックすることはできません。

ご質問の際の注意点

- ご質問はメール、または郵便など、必ず文書にてお願いいたします。お電話では承っておりません。
- ご質問は本書の記述に関することのみとさせていただいております。従いまして、○○ページの○○行目というように記述箇所をはっきりお書き添えください。記述箇所が明記されていない場合、ご質問を承れないことがございます。
- 小社出版物の著作権は著者に帰属いたします。従いまして、ご質問に関する回答も基本的に著者に確認の上回答いたしております。これに伴い返信は数日ないしそれ以上かかる場合がございます。あらかじめご了承ください。

＼ ご質問送付先 ／

ご質問については下記のいずれかの方法をご利用ください。

▶ Webページより
上記のサポートページ内にある「お問い合わせ」をクリックすると、メールフォームが開きます。要綱に従って質問内容を記入の上、送信ボタンを押してください。

▶ 郵送
郵送の場合は下記までお願いいたします。

〒105-0001　東京都港区虎ノ門2-2-1 SB クリエイティブ　読者サポート係

Chapter
1

生成AIについて知ろう

デザイナーと生成AI

Photoshop の生成AI

Photoshop の操作方法

Illustrator の生成AI

Illustrator の操作方法

生成AIの権利や著作権について

Firefly とは

Firefly の操作方法

デザイナーと生成AI

生成AIは、入力データから新しいコンテンツを生成するAI技術です。文章、画像、音声、映像など多様な形式の素材を作成し、創造性の補助や業務効率化に活用されています。デザイン分野では、アドビの生成AIが注目を集めており、PhotoshopやIllustratorなど、デザイナーが普段使っているアプリケーションで使える新しい道具として活用されてきています。

アドビの生成AIの特徴

商用利用OK

権利関係をクリアした素材のみを学習データに使用しているため、商用利用可能です。

日本語に対応

100以上の言語でのテキストプロンプト入力に対応し日本語でも使えます。

アプリで利用可能

PhotoshopやIllustratorなどのアドビ製品で利用することができます。

アドビの生成AIを使うメリット

アドビの生成AIを使えば撮影や素材探し、画像編集にかかる手間とコストを削減できる可能性があります。また、今までできなかったデザインを作ることができたり、アイデアを考える手助けをしてくれたりもします。新しいデザインや企画のヒントを得るのにも使えます。

作業効率がよくなる

画像編集やちょっとしたイラストなどがすぐに編集＆生成可能なので時短になります。

コストが削減できる

今までできなかった修正が手元ですぐにできるので、制作コストが削減できます。

アイデアのヒントに

どうにもアイデアが思いつかないときに生成AIから新たなヒントを得るのも使い方の1つです。

Chapter 1 生成AIについて知ろう

✓ アドビの生成AIではこんなことができる！

Photoshop

「生成塗りつぶし」や「生成拡張」を活用すれば、不要な要素を簡単に除去したり、足りない背景や要素などを簡単に作成したりすることができます。

Illustrator

「ベクター生成」や「生成パターン」を活用すればベクターイラストや柄を自動生成できます。ラフをベクター化する機能や、「生成再配色」で配色を自動調整する機能も搭載されています。

Adobe Express ※

新機能の「サイズ変更と拡張」、「生成塗りつぶし」、「画像生成」、「書き換え」を活用すれば、SNS投稿やショート動画、チラシ、ロゴなどを手軽に作成できます。

InDesign ※

印刷やデジタルメディア向けに、高品質なページデザインとレイアウトを作成。「テキストから画像生成」でイメージを作り、「生成拡張」で画像サイズを調整できます。

※本書では扱っておりません。

Prompt（プロンプト）について知っておこう

プロンプトは、AIに指示を与えるための入力テキストです。名前は難しそうに見えますが使い方は簡単です。例えば「青空と夏の海」と入力すれば、その内容に沿った画像が生成されます。プロンプトの工夫次第で、AIの出力精度や表現の幅が変わります。

生成AIと共存するこれからのデザイナー

クリエイティブ作業に生成AIを取り入れることには不安もあります。ただし、アドビの生成AIは人間の創造性を奪うものではなく、それを支援し、可能性を広げるためのツールです。
デザイナーにとって、これからはAIとの共存がますます重要になります。AIを活用すれば作業の効率が飛躍的に向上し、より創造的な仕事に集中できるようになります。怖がらずに、新たな発想ができるパートナーとして積極的に活用していきましょう！

Photoshopの生成AI

主な機能
- 生成塗りつぶし
- テキストから画像生成
- 画像/背景/類似を生成

Photoshopの生成AIを活用すれば、思い描いたイメージを自由自在に実現することができます。画像の不要なものを瞬時に消去できる機能や、「生成塗りつぶし」によって、周囲と自然になじむ機能など、リアルな画像が簡単に合成できるようになりました。そして、「生成拡張」を使えば画像のサイズを違和感なく広げることもできます。非常に便利で強力な機能です。

✓ 生成塗りつぶし

Photoshopの「生成塗りつぶし」機能を使えば、簡単に不要なものを除去できたり、追加することができます。

不要なものを除去

Before

After

他の要素を追加

Before

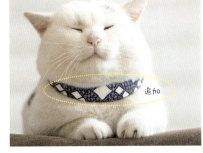
After

16

Chapter 1 生成AIについて知ろう

✓ 画像生成

Photoshopの「テキストから画像生成」機能を活用すると、テキストプロンプトを入力するだけで、写真やイラストなどをゼロから生成できます。複雑な編集作業を必要とせず、直感的な操作で高品質なビジュアルを作成できるのが特徴です。

プロンプト：柴犬のイラスト　　　　　プロンプト：柴犬

✓ 生成拡張

Photoshopの「生成拡張」は、画像のサイズを広げるときに、AIが自然に背景や要素を補完する機能です。この機能を使えばデザインの構図の調整や余白の追加など、デザインの自由度を格段に高められます。

背景や要素が自然に補完！

Before　　　　　　　　　　　　After

17

Photoshop

Photoshopの操作方法

● 画像生成の場合

［新規］から新しいアートボードを出しましょう。画像生成をするときは、ツールバーの最下段にある ① もしくは ② のコンテキストタスクバーから生成を行います。①と②どちらでも使えるのでクリックしましょう。

①、②どちらでもOK！

● 編集メニュー

A プロンプトの入力欄

生成したい画像のイメージをテキストで入力します。プロンプトは詳しく入力することでより理想に近い画像を生成することができます。

クリックすると文字が入力できるようになる

Chapter1 生成AIについて知ろう

B コンテンツタイプ

［アート］と［写真］で生成する画像の雰囲気が変わります。イラストや、アートのような画像を生成するときは［アート］を選択しましょう。写真のような画像を生成したいときは、［写真］を選択します。

C 効果

［効果］では、生成する画像の表現方法をさらに細かく、質感や光の加減、画材などを調整することができます。
また、一度に複数の効果を選択することもできるため、様々なスタイルを組み合わせた独自のビジュアルを作ることもできます。

D スタイル

スタイルは視覚的な質感や表現方法をギャラリー項目で生成できる機能です。なお、［画像を選択］に雰囲気を寄せたい画像をアップロードすると、似たスタイルの画像が生成されます。また、［ギャラリー］では、アドビが事前に用意した画像を選択することも可能です。

● 画像合成の場合

編集したい［画像］を開き、生成したい箇所をなげなわツールなどで選択し、コンテキストタスクバーにプロンプトを入力して［生成］をクリックし生成を行います。

19

Illustrator の生成AI

主な機能
- テキストからベクター生成
- 生成塗りつぶし
- 生成パターン
- 生成再配色

Illustrator では、「テキストからベクター生成」で生成AIが拡大しても画像荒れがでないベクターデータのベクターイラストを生成してくれます。また、「生成パターン」ではパターンを作成してくれたり、簡単なラフからベクターイラストに変換してくれる便利な機能もあります。「生成再配色」ではイメージに合わせて配色を自動で調整することも可能です。この節では簡単な解説を行います。

✓ 生成ベクター

「生成ベクター」機能を使えば、景色やイラスト、アイコンなど様々なベクターイラストを生成することができます。

プロンプト：桜の景色

プロンプト：黄色のアヒルのおもちゃ

プロンプト：車のアイコン

✓ 生成塗りつぶし

「生成塗りつぶし」機能を使えば、簡単なラフから色やデザインを整えたベクターイラストを生成してくれます。

Before

After

✓ 生成パターン

「生成パターン」機能を使えば、簡単にパターンなどを生成することができます。今まではベクターを並べてパターンを作っていましたが、この機能を使えばワンクリックでパターンを生成することが可能です。

プロンプト：チューリップの大人っぽいガーリーな柄

プロンプト：空と雲と星の手書き

✓ 生成再配色

「生成再配色」機能を使えば、簡単に景色やイラスト、アイコンなどの配色や雰囲気を変更することができます。たくさんの色違いをださなければならないときに、時短にもなるのでとても便利な機能です。

Before

After

Before

After

Illustrator

Illustratorの操作方法

● ベクターイラストを生成する場合

［新規］から新しいアートボードを出し、長方形ツールで四角を作成します。するとコンテキストタスクバーが出てきます。

コンテキストタスクバーが表示されていないときは［ウィンドウ］→［コンテキストタスクバー］で表示してください。

● 編集メニュー

左側にある［生成ベクター］をクリックすると、プロンプトを入力する白いバーが表示されます。中央右の歯車マークをクリックすると、下記のような画像が出てきます。

Ⓐ プロンプトを入力

生成したい画像のイメージをテキストで入力します。詳しく入力することでより理想に近いベクターイラストを生成することができます。

22

B コンテンツの種類

[シーン][被写体][アイコン]の種類があり、それぞれで生成されるベクターの雰囲気が変わります。

C ディテール

バーを調整することで、生成されるベクターの細かさを調整することができます。左にすることでデフォルメが強く反映され、右にすることで細かく反映されます。

 最低　　　　　　　　　　　　　　　　　最高

D スタイル

[スタイル参照]では生成したい雰囲気の画像を選択すると似たようなベクターイラストが生成されます。

✦ 効果

[効果]では、生成するベクターの表現方法だったり雰囲気をさらに細かく、調整することができます。

✦ カラーとトーン

生成されるイラストのカラーとトーンを調整することができます。カラーとトーンに合わせてイラストの雰囲気も変わります。

● 生成再配色

再配色したいベクターをクリックし、[プロパティ]パネルの下の方にある ① [再配色] をクリックすると、② のパネルがでます。③ の [生成再配色] をクリックします。

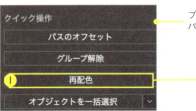

● プロンプト入力で再配色

プロンプトに配色のイメージを入力し[生成]をクリックするとバリエーションがでてきます。

「夕日のビーチ」の再配色の1案

Before → After

● 生成パターン

[ウィンドウ]から[生成パターン]をクリックし、下記のようなパネルをだしてパターンを生成します。

A カラーとトーン

生成されるパターンのカラーとトーンを調整することができます。

B 効果

[効果]では、生成するベクターの表現方法だったり雰囲気をさらに細かく、調整することができます。

C 設定

[ND値]ではパターンの細かさを調整することができます。[高]なほど細かく、[低]ほど大きく生成されます。

生成AIの権利や著作権について

アドビの生成AI(Adobe Firefly)は、**安全な商用利用を前提に設計された生成AI**です。そのトレーニングデータには、Adobe Stockの許諾済みコンテンツや著作権が切れたパブリックドメインのコンテンツが使用されているので、著作権リスクを回避しながら高品質な画像生成をすることができます。

また、アドビはAIの透明性と信頼性を確保するために、独自のガイドラインを設け、倫理的なAI開発を推進しています。これにより、生成AIを使用するユーザーが安心してFireflyを活用できる環境を整えています。さらに、クリエイターの権利を尊重しながら、安全に商用利用できる仕組みを構築し、企業や個人が自由に創造力を発揮できるようサポートしています。

このように、アドビの生成AIは、AI技術を活用したクリエイティブ制作を支援しつつ、著作権や倫理面にも十分配慮されたプラットフォームとなっています。

✓ アドビの生成AIの主な学習場所

商用利用の安全性を確保するための取り組みとして、初期の営利目的のFireflyモデルは、Adobe Stockなどの許諾済みコンテンツや、著作権が切れた一般コンテンツを活用してトレーニングされています。

Adobe Stock内の許諾済みコンテンツ

商用利用が可能なライセンス済みの画像やイラスト。

著作権が切れた一般コンテンツ

法的に使用が認められている、著作権が消滅した作品。

アドビがライセンスを取得したコンテンツ

安全性を確保するため、許可を得た追加の学習データ。

Fireflyとは

主な機能
・テキストから画像生成
・各アドビツールでの使用

Adobe Firefly（Firefly）は、アドビ社が開発した生成AIで、クリエイティブ制作をより直感的かつ効率的に行えるツールです。テキストを入力するだけで画像を生成したり、不要な部分を削除・補完したり、デザインの可能性を広げます。ブラウザで利用できるWebアプリ版と、前ページまでで解説しているPhotoshopやIllustratorなどで使えるアプリ組み込み版の2種類があります。

✅ 実際にFireflyで生成した画像

以下の画像はすべて、ブラウザから使用するWebアプリ版Fireflyの「テキストから画像生成」機能を使用して作成されたものです。Fireflyなら、==シンプルなテキスト入力==だけで、このような==ユニークで高品質な画像を簡単に生成==できます。

プロンプト：サングラスをつけたハムスター

プロンプト：女子高校生のイラスト

🔺 Fireflyの特徴

Fireflyのプロンプトの入力では、100以上の言語に対応しています。
また、前述のようにFireflyはブラウザで使う生成AIツールとして利用できるだけでなく、PhotoshopやIllustratorなどのアドビ製品の中で使うことも可能です。デザイナーが普段使用しているアプリケーションで使えることはとても大きな利点であり、作業の効率化が期待できます。

Fireflyが使われているアプリ

Ps *Photoshop*
画像生成 / 生成塗りつぶし / 生成拡張

Ai *Illustrator*
ベクター作成 / 生成再配色

Id *InDesign*
画像生成 / 生成拡張

▲ *Adobe Express*
画像生成 / 生成塗りつぶし /
テキスト効果 / テンプレート生成

Chapter 1 生成AIについて知ろう

✓ 生成クレジットについて

Fireflyを使用する際には「生成クレジット」と呼ばれる単位が必要になります。これらのクレジットは、FireflyのAI機能を利用する際に消費されます。また、ユーザーの契約プランによって月間のクレジット数が変わり、毎月リセットされます。

✦ 月間の生成クレジット（2025年3月時点）

プラン	月間の生成クレジット数
Creative Cloud コンプリートプラン	1,000
Creative Cloud 単体プラン	500
無料ユーザー	25

✦ 1回の生成あたりの消費数（2025年3月時点）

製品	機能	生成クレジット消費数
Adobe Photoshop	生成塗りつぶし	1
	生成拡張	1
	参照画像(Beta)※	1
	画像/背景/類似を生成(Beta)※	1
Adobe Illustrator	生成ベクター(Beta)※	1
	生成パターン	1
	生成再配色	1
Adobe Firefly	テキストから画像生成	1
	生成塗りつぶし	1

✦ 生成クレジットの利用可能数の確認方法

生成クレジットの利用できる数を確認するには、ブラウザのFirefly、もしくはCreative Cloudの右上にあるユーザーアイコンの中にある、[今月の生成クレジット]から確認することが可能です。

URL https://www.adobe.com/home

※Beta版からの生成AIの出力は商用利用することができません。（生成ベクターについては可能）なお、アプリケーションは常にアップデートするため、今後正式版として利用できる可能性があります。

Adobe Firefly

Fireflyの操作方法

● ブラウザから利用する

`URL` https://firefly.adobe.com

上記 URL にアクセスします。Fireflyは基本ブラウザで操作を行います。白いバーの中にプロンプトを入力し、生成をクリックします。

プロンプトを入力　　　　　　　[生成]をクリック

● 操作画面

A 一般設定

Firefly Image は使用する AI モデルです。数字が大きいほど最新のモデルになります。最新のモデルを選択すると、よりリアルで高品質な画像を生成することができます。

28

Chapter1 生成AIについて知ろう

B 縦横比

生成する画像のサイズを選択することができます。使う用途に合わせて選びましょう。

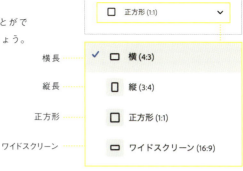

C コンテンツ

［アート］と［写真］で生成する画像の雰囲気が変わります。

イラストや、アートのような画像を生成するときは［アート］を選択しましょう。写真のような画像を生成したいときは、［写真］を選択します。

D 構成

選択した画像の形に沿った画像が生成される機能です。［画像をアップロード］をクリックし、参考にしたい画像をアップロードすると、似た形状の画像が生成されます。

また、［ギャラリーを参照］では、アドビが事前に用意した画像を選択することも可能です。

【強度】

参照に画像を入れるとバーがでてきます。このバーを調整することで、画像の反映される強度が変わります。右にすることで強く反映され、左は弱く反映されます。

E スタイル

スタイルは視覚的な質感や表現方法を参照の画像に似た画像で生成できる機能です。
［画像をアップロード］に雰囲気を寄せたい画像をアップロードすると、似た画像が生成されます。また、［ギャラリーを参照］では、アドビが事前に用意した画像を選択することも可能です。

【視覚的な適用量】
参照する写真の視覚的特徴と全体的な強度を調整することができます。
【強度】
スタイルと効果の強度をコントロールで同時に調整することができます。

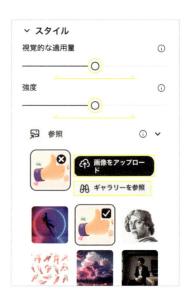

F プロンプト

生成AIに指示をだす文章のことをプロンプトといいます。ここで文章を入力し、生成するときは右の［生成］をクリックします。

✦ 効果

スタイルの中にある［効果］では、生成する画像の表現方法をさらに細かく、質感や光の加減、画材などを調整することができます。

また、一度に複数の効果を選択することもできるため、様々なスタイルを組み合わせたビジュアルを作ることもできます。

例えば、「油絵」を選択すると...

桜が油絵風に！

例えば、「スケッチ」を選択すると...
桜がスケッチ風に！

Chapter1 生成AIについて知ろう

✦ カラーとトーン

スタイルの中にある［カラーとトーン］では、生成する画像の色味や全体的な雰囲気を細かく、調整することができます。

例えば、「落ち着いたカラー」を選択すると...

落ち着いた印象に！

✦ ライト

スタイルの中にある［ライト］では、生成する画像の光を細かく、調整することができます。

例えば、「微光」を選択すると...

かすかな光に！

✦ カメラアングル

スタイルの中にある［カメラアングル］では、生成する画像のアングルや構図を細かく、調整することができます。

例えば、「あおり」を選択すると...

あおりの構図に！

31

Chapter

2

画像生成

01 影を作って奥行きをだす

02 生成AIで写真の範囲を広げる

03 画面いっぱいのお花を作る

04 水墨画風のイラストで年賀状

05 柄を生成してパッケージに

06 丸いガラスを敷いてクリアに

07 立方体で空間のあるデザイン

08 写真を水彩に変えてみる

09 生成イラストは加工と相性抜群

10 ホログラムで個性的に

画像生成　　　　　　　　　　　　　　　　　　　　　化粧品のポスター

Chapter2 01 影を作って奥行きをだす

このままの写真でも素敵なポスター。ここに生成AIで影を作って奥行きを出せばさらに雰囲気が増して魅力的なポスターに。

BEFORE → AI 使用前

Chapter2 画像生成

AI生成AI箇所

① 窓の光と影を追加
光と影を生み出し、奥行きを加える。

② 写真の一部分を生成AIで変える
内容に合わせて画像の一部をPhotoshopの生成AIで変更する。

AFTER → (AI使用+デザイン調整後)

Design デザインのコツ

生成した窓の光と影の画像で写真がより印象深く、大人っぽくなったので、デザインの要素も合わせて上品にしよう。

01 生成AIで窓の光を作成して視線を誘導。

02 明朝体のキャッチコピーを小さくしてさらに大人っぽく上品に。

03 商品の雰囲気を画面全体で表現したいので、肩の小鳥を商品と同じイメージの色である、ひまわりに変えて全体の雰囲気に統一感を。

04 不透明度を80%にした筆記体を斜めに配置して抜け感をプラス。

デザインの詳細

Layout －レイアウト－

画像などが背景にあると使いやすい構図

Color －カラー配色－

● C69 M16 Y35 K0
R71 G165 B169
#47A5A9

● C4 M37 Y100 K0
R241 G175 B0
#F1AF00

● C52 M63 Y100 K36
R107 G77 B24
#6B4D18

Font －フォント－

メインフォント
MrLackboughs Pro
Regular

サブフォント
DNP 秀英横太明朝
Std M

サブフォント
Abril Display
SemiBold Italic

Chapter2 画像生成

AI Recipe 窓の光と影の作り方

プロンプト ｜ 窓　影　光　大きい

Step 1　窓の影を生成する

Photoshopで新規レイヤーを作成→全体を選択→コンテキストタスクバーの［生成塗りつぶし］をクリック→プロンプト［窓 影 光 大きい］と入力し、［生成］ボタンをクリックします。

コンテキストタスクバー

Step 2　イメージに近い窓の画像を選ぶ

画像を生成後、プロパティパネルの中にバリエーションが3つでてきます。イメージに近い窓の画像を選んでください。

もしバリエーションの中にイメージに近い画像がない場合は［生成］ボタンを再度クリックします。

これに決定！

Step 3　画像と生成した画像を組み合わせる

レイヤーの［描画モード］［不透明度］などを調整して生成画像を組み合わせます。

今回は描画モードを［ハードライト］、不透明度を［40％］にしました。この数値はできた生成画像によって調整してください。他にも、生成画像のサイズを拡大して一部分を使ってみたり、（P78）［色調補正］で雰囲気を作ってみたりしましょう。

ひまわりの画像も同じ手順でできるよ！
選択範囲：肩に乗っている鳥
プロンプト：ひまわり

37

画像生成　　　　　　　　　　　　　　　　　　　　　　　　キャンプ通販のバナー

Chapter2
02 ｜ 生成AIで写真の範囲を広げる

窮屈な写真に余白をもたせて、デザインにゆとりを作ろう。また、違うサイズのバナーを作るときもこの機能で写真を拡張して使うと便利。

BEFORE ⟶ AI 使用前

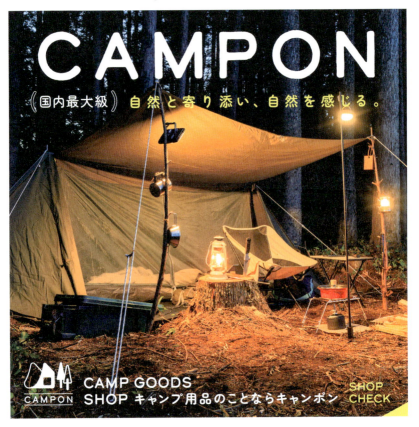

生成AIを使って欲しい部分を拡張

周りの風景を広げるためにPhotoshopの生成塗りつぶしで周りの景色を拡張し、デザインにゆとりがでるようにする。

AFTER → AI使用+デザイン調整後

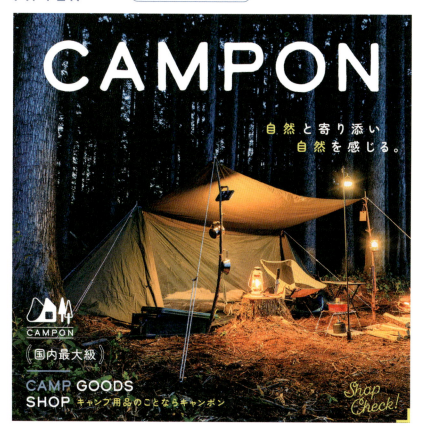

Design デザインのコツ

生成AIで背景を拡張させたので、それを活かすためにスッキリとしたデザインにしていく。背景周りを囲うようにデザインを作っていくことがポイント。

01 見出し付近の空間に余白をもうけることでスッキリとした印象に。

02 キャッチコピーが写真に被らないよう、右側に寄せてます。伝えたいポイントは単語だけ色を変えるとgood!

03 その他の詳細は左下に揃えてきっちりと。

04 フォントをスクリプト体にしてワンポイントに。三角だった右下のあしらいを線だけにしてスタイリッシュさをアップ。

元の画像のサイズ

デザインの詳細

Layout -レイアウト-

情報を対角線上に入れてバランスよく配置

Color -カラー配色-

○ C0 M0 Y0 K0
R255 G255 B255
#FFFFFF

● C5 M5 Y80 K0
R249 G232 B66
#F9E842

● C56 M22 Y4 K0
R117 G170 B215
#75AAD7

Font -フォント-

CAMP メインフォント Calder Dark

自然と　サブフォント Zen Maru Gothic Bold

Check!　サブフォント Fairwater Script Regular

Chapter2 画像生成

AI Recipe 風景を拡張する方法 PS

| プロンプト | 未入力 |

 背景をどのくらい拡張するか決める

Photoshopで風景を拡張したい写真を開き、[切り抜きツール] で背景が欲しいところまで引き伸ばします。

 生成塗りつぶしで背景を拡張する

プロンプトは未入力のままコンテキストタスクバーの中にある [生成] をクリックします。すると簡単に背景を拡張してくれます。

拡張された画像

拡張前

 生成されたバリエーションを選ぶ

生成後、[プロパティ] パネルの [バリエーション] の中から、生成された写真を選びます。3つあるバリエーションはどれも微妙に違いがあるので、細かな箇所も確認しながらナチュラルに拡張されているものを選びましょう。

これに決定！

⚠️ 観光名所や商品の生成拡張をすると、実物と違う状態で生成されるので、間違った情報を世に出してしまうリスクがあります。また、人物の造形や指の本数などまだ苦手とする分野もありますので注意しましょう。

画像生成　　　　　　　　　　　　　　　　　　　　フラワーマルシェのポスター

Chapter2
03　画面いっぱいのお花を作る

デザインの背景が寂しいときには背景に画面いっぱいのにぎやかな写真を入れると一気に惹きつけられるデザインに。

BEFORE ⟶ AI 使用前

Chapter2 画像生成

生成した写真を背景に入れる

Fireflyで生成した花の写真を背景に入れて、華やかでインパクトのある印象にする。

AFTER → AI使用+デザイン調整後

Design デザインのコツ

背景のお花を活かしたデザインにするために、紙面の上下にフォントを入れたり、中央のタイトルの下の白ベタを透明度90％にしたり調整。

01 背景のお花の魅力を引き立たせるために文字を大きく入れる。文字の間から見えるお花が華やかに。

02 L字形にキャッチコピーを入れてオシャレな印象に。

03 タイトルの下に敷いている白ベタを不透明度90％に、写真を透けさせる。

04 正方形の角の形を丸形に凹ませることで「図形を置いただけ」感がなくなり、よりデザインの魅力が高くなる。

デザインの詳細

Layout －レイアウト－

サブタイトルを上下に分けて、インパクト大

Color －カラー配色－

C0 M84 Y22 K0
R232 G71 B124
#E8477C

C67 M23 Y35 K0
R86 G158 B164
#569EA4

C8 M26 Y76 K0
R237 G195 B76
#EDC34C

Font －フォント－

MARCHE　メインフォント
Alverata Irregular Regular

FLOWER　サブフォント
ITC Avant Garde Gothic Pro Book

フラワー　サブフォント
砧 iroha 23kaede StdN R

AI Recipe 画面いっぱいのお花の作り方

| プロンプト | 上から見た　いっぱいのお花 |

Step 1　Fireflyで生成画像を作る

ブラウザで[Firefly]を開き、最初にプロンプトを入力します。今回は背景として使えそうな画面にいっぱいのお花の写真を生成したいので、プロンプトには[上から見た いっぱいのお花]と入力し生成します。

FireflyのURL
https://firefly.adobe.com

[生成]ボタン

Step 2　一般設定を調整してイメージに近づける

画面左の[一般設定]で細かな点を調整していきます。
[モデル]→[Firefly Image 3]
[縦横比]→[縦(3:4)]
[コンテンツの種類]→[写真]
[効果]→[カラーとトーン]→[パステルカラー]
[カメラアングル]→[クローズアップ]で生成。

イメージに近づくまで生成を繰り返してください。

Step 3　できあがったら画像を保存する

ダウンロードはここをクリック!

画質が綺麗なお花の写真が生成できる!

出来上がった画像で保存したい画像1枚をクリックすると、右のような画面がアップででてきます。
なお、少し画質が悪い場合はこちらも右上にある[アップスケール]をクリックすると、画質がより綺麗な生成写真を生成することができるので、ポスターや印刷物に使うときはおすすめです。

画像生成　　　　　　　　　　　　　　　　　　　　　　　年賀状

水墨画風のイラストで年賀状

生成AIを使った水墨画と和紙の素材は相性抜群！ 水墨画ならではの質感で魅力的な年賀状が作れる。

BEFORE　⟶　AI 使用前

① **下地となる和紙を生成する**
水墨画を活かすためにまず最初に和紙を生成する。

② **富士山の水墨画を生成する**
新年をお祝いする年賀状には富士山がピッタリ。Adobe Fireflyで富士山の水墨画イラストを生成する。

AFTER → AI使用+デザイン調整後

Design デザインのコツ

西暦を大きく大胆に配置し、文字間隔を大幅にあけることで抜け感を感じるスッキリとした大人なデザインに。

01 [2025]を画面から大胆に大きくはみ出すことで画面に広がりをだす。

02 [謹賀新年]の文字間を大きくあけて抜け感をだす。

03 和紙を下に敷くことで、イラストに深みがでる。主に水分量の多い、水彩や水墨などのイラストと相性抜群◎。

04 和紙の上に描画モードで[カラー比較(暗い)]をかけたイラストをのせて質感をだす。

〒000-0012 大阪府大阪市 西区9-19
松本4丁目ビル7階308号室　田中絵梨花 様

デザインの詳細

Layout -レイアウト-

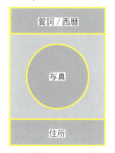

日の丸構図でバランスが綺麗な構図

Color -カラー配色-

C74 M75 Y70 K40
R65 G54 B55
#413637

C8 M6 Y7 K0
R238 G238 B236
#EEEEEC

C53 M6 Y81 K0
R133 G187 B84
#85BB54

Font -フォント-

謹賀新年　メインフォント
FOT-マティス ProN M

2025　サブフォント
P22 「LW Exhibition Light

大阪府　サブフォント
FOT-マティス ProN M

48

Chapter2 画像生成

AI Recipe 和紙の作り方 PS

プロンプト ｜ 白色の和紙

Photoshopで年賀状サイズのデザインを作成

Photoshopでハガキサイズ（幅：100mm、高さ：148mm）の新規デザインを作成します。次に[長方形選択ツール]でアートボード全体を選択します。

生成塗りつぶしで和紙を生成する

Step①でアートボード全体を選択すると、下にコンテキストタスクバーがでてきます。[生成塗りつぶし] をクリックし、プロンプト [白色の和紙] と入力して return（ enter キー）を押し、画像を生成します。

生成した和紙を加工などで調整

生成される画像は[プロパティ]の中の[バリエーション]に3つほど生成されます。

イメージに合う画像がでるまで何度も生成するといいでしょう。今回は10回ほど生成し、和紙の質感がよくでている画像にしました。色々なバリエーションがあるのでイメージにあった画像を選びましょう。

AI Recipe 生成水墨画の作り方

| プロンプト | 富士山　日の出　雲　背景白 |

Step 1　Fireflyで生成イラストを作る

ブラウザで［Firefly］を開き（P28参照）、最初にプロンプトを入力します。今回は年賀状のデザインを作成したいのでデザインに合う、富士山の水墨画イラストを生成します。

プロンプトには［富士山　日の出　雲　背景白］と入力しましょう。

Step 2　一般設定を調整してイメージに近づける

今回は水墨画風のイラストを生成したいので［一般設定］で調整していきます。P28〜31の説明も参考にしてください。

［モデル］→［Firefly Image 3］
［縦横比］→［縦 (3:4)］
［コンテンツの種類］→［アート］
［スタイル］→［ギャラリーを参照］→［Popular12］ 1
［効果］→［テクニック］→［スケッチ］ 2
［カラーとトーン］→［落ち着いたカラー］ 3

Step 3　できあがったら画像を保存する

Step ②で［一般設定］の調整ができたら画面右下にある［生成］をクリックし、画像を生成します。イメージに近い富士山の水墨画イラストができあがるまで生成を繰り返しましょう。
画像を保存する際は生成画像の右上にある［ダウンロード］をクリックし、ダウンロードします。

AI Recipe 生成AIを使って微調整

生成した水墨画イラストと和紙を組み合わせる

Photoshopを開き、最初に生成した和紙の上に水墨画イラストを配置します。

水墨画イラストにうっすらと和紙の質感を浮かべるために、レイヤーパネルの描画モードから[カラー比較(暗)]をクリックし、不透明度も調整しながら和紙と馴染ませます。このように、いつも使っているアプリですぐに作業できるのがアドビの生成AIの利点です。

Before → After

幅が足りない場合は生成塗りつぶしで延長

生成水墨画イラストの左右の幅が足らないときはPhotoshopの[生成塗りつぶし]で不足している箇所を生成しましょう。

水墨画のイラストレイヤーを選択した状態で塗り足したい箇所を[長方形選択ツール]で選択→コンテキストタスクバーから[生成塗りつぶし]をクリック。プロンプトを入力せず[生成]すると自動的にAIが足りない部分を生成してくれます。

足りない部分を生成！

日の丸イラストを追加する

生成した画像やテキストを配置して最後にデザインの確認をしたときに物足りなかったらPhotoshopの生成塗りつぶし機能を使って水墨画と同じような、違う生成イラスト素材を作るのも一案です。

日の丸も同じ手順でできるよ！
プロンプト：日の丸　水彩

Before → After

画像生成　　　　　　　　　　　　　　　　チェリーティーのパッケージシール

Chapter2 05 | 柄を生成してパッケージに

BEFOREのデザインは［さくらんぼの紅茶］であることが少しわかりにくく、寂しい雰囲気なので、水彩のさくらんぼの柄を生成して華やかに。

BEFORE ⟶ AI 使用前

生成した水彩の柄をデザインに入れる

Fireflyで生成した少し抽象的なチェリーの水彩柄を入れることでアートを感じる素敵なパッケージに。

AFTER ⟶ AI使用+デザイン調整後

Design デザインのコツ

商品のラベルはできるだけ余白を埋めて安定感のあるシンメトリーを感じるデザインに。あしらいに一工夫をするだけでさらにクオリティがアップします。

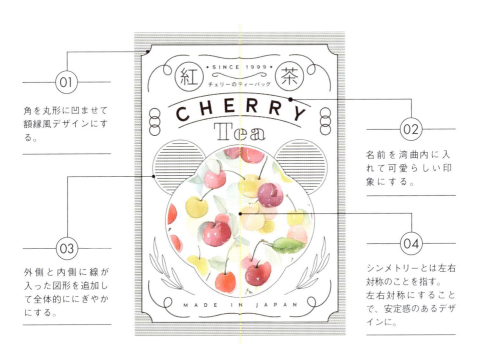

01 角を丸形に凹ませて額縁風デザインにする。

02 名前を湾曲内に入れて可愛らしい印象にする。

03 外側と内側に線が入った図形を追加して全体的ににぎやかにする。

04 シンメトリーとは左右対称のことを指す。左右対称にすることで、安定感のあるデザインに。

デザインの詳細

Layout -レイアウト-

シンメトリーに配置することで綺麗なデザインに

Color -カラー配色-

○ C0 M0 Y0 K0
R255 G255 B255
#FFFFFF

● C68 M75 Y80 K46
R70 G50 B41
#463229

● C11 M82 Y33 K0
R216 G77 B114
#D84D72

Font -フォント-

CHERRY　メインフォント
　　　　　Adrianna Demibold

紅 茶　サブフォント
　　　　りょうゴシック
　　　　PlusN L

Tea　サブフォント
　　　LiebeDoni
　　　Outline

54

AI Recipe 水彩柄の作り方

> プロンプト | チェリー 均一 柄 パターン 白背景 シンプル

Fireflyで生成画像を作る

ブラウザで［Firefly］を開き、最初にプロンプトを入力します。今回はチェリーの水彩柄を生成したいのでプロンプトには［チェリー 均一 柄 パターン 白背景 シンプル］と入力し、生成しましょう。

一般設定を調整してイメージに近づける

［一般設定］で調整していきます。

［モデル］→ ［Firefly Image 3］
［縦横比］→ ［ワイドスクリーン (16:9)］
［コンテンツの種類］→ ［自動］
［スタイル］→ ［ギャラリーを参照］→ ［アクリルとオイル］→ ［acrylic and oil 14］ **1**
［効果］→ ［テクニック］→ ［水彩画］ **3**
［カラーとトーン］→ ［パステルカラー］ **2**

生成後はPhotoshopで明るさや色味調整

イメージに近い写真が生成できたら生成画像の右上の［ダウンロード］から保存します。（P45参照）

色味や明るさを調整するときはPhotoshopを開き［イメージ］→ ［色調補正］にある［トーンカーブ］や［色相・彩度］で調整して自分の目指す理想に近づけましょう。

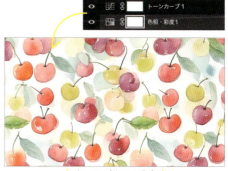

少し明るく補正した画像

55

画像生成　　　　　　　　　　　　　　　　　　　　SNS投稿画像

Chapter2 06 丸いガラスを敷いてクリアに

ベタっとした雰囲気のデザインにガラスの素材を入れるだけでクリアで目立つデザインに。

BEFORE → AI 使用前

丸いガラスを生成する

Photoshopの画像生成で丸い透明のガラスを生成してクリアなデザインに。

AFTER → AI使用+デザイン調整後

Design デザインのコツ

情報を中央に集めてスッキリとまとまった印象にしよう。

01 生成した透明のガラスの下に、黄色の丸ベースのグラデーションを敷いて鮮やかに。また、ガラスは[描画モード]を[輝度]にし、[不透明度：50%]にして程よく透過させる。

02 ロゴ、タイトル、日付を中央にまとめてスッキリさせます。また、日付のフォントを丸みのあるフォントに変えて情報の差別化をしましょう。

03 文字にレイヤースタイルの[光彩(内側)]の加工を入れて調整し、ガラスの雰囲気に寄せる。

デザインの詳細

Layout -レイアウト-

中央に情報を詰め込んでスッキリと。上から見た構図でふかん的に

Color -カラー配色-

C0 M0 Y100 K0
R255 G241 B0
#FFF100

C47 M22 Y0 K0
R144 G178 B222
#90B2DE

C54 M66 Y11 K0
R137 G100 B157
#89649D

Font -フォント-

Open メインフォント
Broadacre
Regular 0

TAKINE サブフォント
Broadacre
Regular 0

2025 サブフォント
AB-suzume
Regular

Chapter2 画像生成

AI Recipe 丸いガラスを生成する

プロンプト │ 透明感のある滑らかな丸いガラス、上から見た構図

Step 1 Photoshopで新規ドキュメントを開く

Photoshopで必要な大きさの新規ドキュメントを作成します。
画面中央下に ① のような、コンテキストタスクバーがでてきます。その中の［画像を生成］をクリックします。

Step 2 プロンプトを入力して生成する

右のような画面がでたら、プロンプトに［透明感のある滑らかな丸いガラス、上から見た構図］と入力します。以下に設定を調整します。

［コンテンツタイプ］→［写真］
［参照画像］→［スタイル］→ギャラリーから ① を選択
［効果］→ ②［グラスモーフィズム］と［マリンブルー］を選択。
すべて設定したら［生成］をクリックします。

Step 3 生成した画像の背景を消去する

生成した丸いガラスの画像は切り抜いて使います。ツールパネルの［オブジェクト選択ツール］で背景を選択し、［範囲選択］→［選択範囲を反転］で選択範囲を反転させてからマスクをかけると背景が簡単に切り抜かれます。

切り抜き前　　　　　　切り抜き後

生成した丸いガラス　　マスクをかけた

画像生成 | ウィンターセールのポスター

Chapter2
07 立方体で空間のあるデザイン

生成AIで立方体を作成し、空間を感じる引き込まれるデザインに。ビジュアルが手元にない時に使えるアイデア。

BEFORE ⟶ AI 使用前

2025

今年最後の大きなお買い物。

Winter
Sale

東京モノロームシティ
東京都渋谷 1-9-xx

12|20(土) ― 27(土)
10:00~20:00

monoromu
東京モノロームシティ　http://tokyo_monoromu.xxx.com.jp

モノロームシティ Winter Sale 2025　検索

① **生成AIで立方体の画像を生成する**
Firefly でシンプルな立方体を生成しましょう。

② **生成画像の背景に雪景色を生成する**
①で生成したシンプルな立方体の画像の背景に雪を生成。

AFTER ⟶ AI使用+デザイン調整後

Design デザインのコツ

立方体の面にそってタイトルを配置すると、画像とデザインの関係性がでて、より魅力的なデザインに。

01 生成した写真を活かすために情報の下に図形を囲うように配置しておしゃれに。

02 タイトルを面に合わせて配置すると写真との関係がでてより魅力的に。

03 「Winter」と「Sale」のように違う2種類のフォントを使っておしゃれな雰囲気にする。

04 影側にあるタイトルは乗算をかけて馴染ませる。

デザインの詳細

Layout -レイアウト-

端に情報をまとめることでバランスよく

Color -カラー配色-

- C59 M48 Y19 K27
  R98 G104 B136
  #626888

- C0 M9 Y57 K0
  R255 G232 B131
  #FFE883

- C18 M0 Y9 K0
  R217 G238 B237
  #D9EEED

Font -フォント-

 メインフォント
Jeanne Moderno OT Roman

 サブフォント
砧 丸丸ゴシック ALr StdN R

 アクセントフォント
Mina Regular

AI Recipe 立方体を生成する方法

> プロンプト | 正方形のツルツルとした立方体　白色

Step 1　Fireflyで生成写真を作る

ブラウザで[Firefly]を開き、最初にプロンプトを入力していきます。今回は立方体を生成したいので、プロンプトには[正方形のツルツルとした立方体 白色]と入力しましょう。

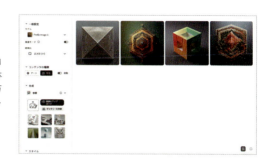

Step 2　一般設定を調整してイメージに近づける

[一般設定]で細かな点を調整していきます。

[モデル]→[Firefly Image 3]
[縦横比]→[正方形（1:1）]
[コンテンツの種類]→[写真]
[参照]→[スタイル]→[ギャラリーを参照]
→[3d 14] 1 を選択
このとき、[視覚的な適用量]と[強度]は右に移動し、MAXまで上げます。

MAXにしよう♪

Step 3　できあがったら画像を保存する

画面右下にある[生成]をクリックし、画像を生成します。

少し画質が悪い場合は画像にマウスをのせると右上にでてくる[アップスケール]をクリックすると、画質がより綺麗な画像をダウンロードすることができます。

立方体が生成できた！

AI Recipe 生成した写真の背景を変える PS

> プロンプト ｜ 雪景色

 Photoshopで新規ドキュメントを開く

Photoshopを開き、新規ドキュメントを作成します。

カンバスがでてきたら白い背景を消去し、次に前ページで生成した立方体の写真を配置します。

 生成塗りつぶしで背景を雪にする

［オブジェクト選択ツール］で立方体の部分を選択、選択範囲を反転させて背景を選択することができたら、コンテキストタスクバーで［雪景色］とプロンプトを入力し生成します。
［プロパティ］の中にある［バリエーション］からポスターに使いやすそうな写真を選びます。イメージに合う生成写真になるまで生成を何回か繰り返すことがポイントです。

 生成後はPhotoshopで明るさや色味調整

イメージに近い写真が生成できたら色味や明るさを調整します。
今回少し写真が暗く感じたので［イメージ］→［色調補正］→［明るさ・コントラスト］で明るさを［10%］ほど上げました。
このように生成した画像やデザインに合わせて調整してください。

AI Recipe 生成が変な箇所の調整方法

背景を生成したことで立方体の端に違和感がでてしまった場合

AI生成は完璧な写真が生成できるとはかぎりません。しかし、完璧な生成写真を作るために何度も生成塗りつぶし機能を使うのも時間がとられてしまいます。
そこで、部分的に違和感があるときは、一部だけ生成AIを使って調整していきましょう。

Step 1 調整したい場所を選択する

Photoshopで調整したい場所を[長方形選択ツール]で選択します。すると下にコンテキストタスクバーがでてくるので[生成塗りつぶし]をクリック、プロンプトを入力せず、生成します。

Step 2 バリエーションの中から綺麗なものを選ぶ

[バリエーション]の画像から一番写真と馴染みがよく綺麗な生成を選びましょう。

このように生成AIで作った画像をさらに一部生成して整えていくということも可能です。生成AIは新しいレタッチ手法と考えて、臨機応変に進めていきましょう。

Before　After

画像生成　　　　　　　　　　　　　　　　　　　　　Instagram の投稿

Chapter2 08 写真を水彩に変えてみる

写真を水彩のイラストに変えるだけで、親しみやすくカジュアルで可愛らしい雰囲気になる。

BEFORE ⟶ AI 使用前

Chapter2 画像生成

写真を水彩のイラストにする
写真の景色を崩さずに生成AIで水彩のイラストを生成。

AFTER → AI使用+デザイン調整後

Design デザインのコツ

写真の形をアーチにしたり、背景に柄を敷いてカジュアルにすることで、より可愛いデザインに。

01 写真をアーチ形にしてカジュアルで可愛らしい印象にする。

02 タイトルの下に波線をつけるだけでワンポイントに。

03 水彩にすることで親しみやすさのある、可愛らしい雰囲気に。

04 格子柄を敷くだけでベタっとした印象がなくなり、可愛らしくなる。

デザインの詳細

Layout -レイアウト-

タイトルとキャッチコピーを左側にまとめて見やすく

Color -カラー配色-

C0 M4 Y10 K0
R255 G248 B235
#FFF8EB

C25 M5 Y13 K0
R201 G224 B224
#C9E0E0

C5 M62 Y72 K0
R231 G126 B71
#E77E47

Font -フォント-

Article メインフォント
Bely Display Regular

HOW TO サブフォント
Davis Sans Medium

#01 サブフォント
DIN Condensed VF Light

AI Recipe 写真から水彩に変更する方法

> プロンプト │ 風景　水彩画

Step 1　一般設定で調整する

最初に上記のプロンプトを入力し、次に［一般設定］で細かな点を調整していきます。
［モデル］→［Firefly Image 3］
［縦横比］→［正方形（1:1）］
［コンテンツの種類］→［アート］
［スタイル］→［ギャラリーを参照］の中からの［水彩画］の［Water Color］❶ 写真を選択。
［視覚的な適用量］と［強度］は中央の状態に。
［効果］→［水彩画］❷ を選択。

Step 2　画像を合成させる

［一般設定］の［構成］→［画像をアップロード］に水彩画にしたい写真をアップロードし、［強度］は右端に寄せます。

［強度］が右になるほど生成するときに、画像本来の形が反映されやすくなります。

Step 3　できあがった画像を保存する

［一般設定］の調整ができたら画面右下にある［生成］をクリックし、画像を生成します。

少し画質が悪い場合は右上にある［アップスケール］をクリックすると、画質がより綺麗な画像をダウンロードすることができます。（P45なども参照）
これでアップロードした画像が水彩風になります。

画像生成　　　　　　　　　　　　　プラネタリウムのポスター

Chapter2 09　生成イラストは加工と相性抜群

Fireflyで生成したイラストをそのまま使うのも素敵ですが、ピクセレートで加工をすれば、生成っぽさもなくなり、今っぽい印象になる。

BEFORE ⟶ 🅰️ 使用前

Chapter2 画像生成

夜空のイラストを生成する

Fireflyで夜空のイラストを生成。ピクセレート加工はPhotoshopで加工する。

AFTER → (AI使用+デザイン調整後)

Design デザインのコツ

文字を大きく見切れさせて、斜めに配置することでデザイン全体に広がりがでる。また、タイトルの文字は縦に30%伸ばすと個性的なデザインになる。

01 文字を斜めにして大きく見切れさせ、インパクトをだす。

02 途切れた直線を斜めにして配置することで流れ星を連想させる。

03 生成したイラストをピクセレート加工しておしゃれに。

デザインの詳細

Layout -レイアウト-

タイトルを斜めに大胆に入れてインパクトをだす

Color -カラー配色-

C10 M2 Y16 K0
R235 G242 B224
#EBF2E0

C0 M17 Y7 K0
R251 G225 B226
#FBE1E2

C0 M0 Y0 K0
R255 G255 B255
#FFFFFF

Font -フォント-

満天の　メインフォント
A-OTF リュウミン
Pr6N L-KL

高杉　サブフォント
AB-suzume Regular

1200　サブフォント
Futura PT Book
Oblique

AI Recipe 夜空のイラストの作り方

> プロンプト ｜ 静けさのある夜空

Fireflyで生成イラストを作る

ブラウザで［Firefly］を開き、最初にプロンプトを入力します。今回は夜空のイラストを生成したいのでプロンプトには［静けさのある夜空］と入力します。

一般設定を調整してイメージに近づける

［一般設定］で細かな点を調整していきます。
［モデル］→［Firefly Image 3］
［縦横比］→［縦（3：4）］
［コンテンツの種類］→［アート］を選択。
［スタイル］→［ギャラリーを参照］風景の［landscape9］ 1 （［視覚的な適用量］と［強度］は中央の状態にする）
［効果］→［グラフィック］ 2
［カラーとトーン］→［落ち着いたカラー］ 3

保存した生成イラストを加工する

Step ②で［一般設定］の調整ができたら画面右下にある［生成］をクリックし、画像を生成、画質が悪い場合は右上にある［アップスケール］をクリックし、ダウンロードしましょう。ここでは Photoshop で生成イラストを配置したあとに［フィルター］→［ピクセレート］→［カラーハーフトーン］で加工をしています。

Before ⟶ After

画像生成　　　　　　　　　　　　　　　　　　　　福袋のバナー

Chapter2 10 | ホログラムで個性的に

ホログラムはデザインに使いやすい万能アイテム。デザインが今っぽくなり、にぎやかな印象に。

BEFORE ⟶ 使用前

Chapter2 画像生成

ホログラムを生成する

Photoshopでホログラムを生成し、Illustratorでデザインを作成。

AFTER → (AI使用+デザイン調整後)

デザインのコツ

ベタっとしたデザインも、ホログラムや水玉模様、星などのベクター素材を入れれば、にぎやかで可愛らしいデザインになる。

01 キャッチコピーのフォントを個性的にしてデザインの雰囲気に合わせる。

02 ベクターのイラストをちりばめてHAPPY感をだす。

03 タイトル部分の下に影を入れるようにホログラムを入れておしゃれに。

04 背景に小さな水玉を敷いてPOPな印象に。

デザインの詳細

Layout -レイアウト-

文字とイラストで対角線上に情報を分けて、動きのある構図に

Color -カラー配色-

C11 M86 Y10 K0
R215 G63 B135
#D73F87

C0 M0 Y75 K0
R255 G243 B82
#FFF352

C14 M12 Y0 K0
R224 G223 B240
#E0DFF0

Font -フォント-

Happy
メインフォント
AB-hanamaki
Regular

今年t
サブフォント
AB babywalk
Regular

2025
サブフォント
Gibson Italic

AI Recipe ホログラムの作り方

> プロンプト | ホログラム、テクスチャー

Photoshopで新規ドキュメントを開く

Photoshopを開き、新規ドキュメントを作成します。［長方形選択ツール］で全体を選択すると、コンテキストタスクバーがでてきます。その中の［生成塗りつぶし］をクリックし、プロンプトを入力して画像生成していきます。今回は、［ホログラム、テクスチャー］と入力します。

バリエーションの中から選ぶ

Step①で生成したらバリエーションの中に3つほど画像がでてきます。もしこの中でよいものが見つからない場合は、何度も生成してみましょう。
ここでは、デザインの印象に合いそうな画像を選びました。

この画像に決定！

色調やトーンなどを調整する

完成した生成写真は加工をすることでさらに綺麗に、デザインに合うようになります。今回は色調やトーンなどを微調整しました。

Illustrator上でHAPPY、BAGのタイトル下に影を入れるように配置して完成です。

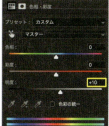

77

Column 画像の解像度をアップさせる

Photoshopの「スーパーズーム」は、AIが自動で画像の荒さを補正し、鮮明にしてくれる機能です。画質が粗い画像をクリアにしたいときや、小さい画像を高解像度にして拡大したいときに活用できます。細部を滑らかに補正してくれるので非常に便利な機能です。

― BEFORE ―
スーパーズーム使用前

【画像のサイズと解像度】
解像度：72 pixel
幅：400 pixel
高さ：500 pixel

画像拡大

― AFTER ✦ ―
スーパーズーム使用後

【画像のサイズと解像度】
解像度：300pixel
幅：1600pixel
高さ：2000 pixel

画像拡大

AI Recipe スーパーズームのやり方

  Photoshop を開く

Photoshop で解像度を変更したい画像を開きます。
画面上にある［フィルター］→［ニュートラルフィルター］をクリックします。
すると、右のような画面がでてきます。
その中にある［スーパーズーム］❶を ON にして以下の操作を行います。

［画像をズーム］のプラス虫眼鏡❷は押せば押すほど解像度が上がり最大で16倍まで拡大できます。
（今回は1回クリックし、画像をズーム（4x）にします。）

［画像のディテールを強調］❸→チェックマーク入れる
［JPEG のノイズを削除］❹→チェックマーク入れる
［出力］❺→新規ドキュメント

【元の画像と比較する方法】
❻のアイコンをクリックすると元の画像が出てくるので違いを確認できます。

  画像を出力する

Step ①の設定が終わったら、❼をクリックし、画像を出力して完成です。

荒かった画質がなめらかな状態で出力される!

Chapter 3

生成ベクター

11 ベクターイラストでキャラ作り

12 生成AIでスタンプ作成

13 横顔ストーリー

14 可愛い柄でにぎやかに

15 お花の生成ベクターでオシャレ

16 手書きイラストでデザインを作る

17 生成ベクターをぼかして配置

18 お花のフレームでにぎやかに

19 生成ベクターでロゴ作り

生成ベクター　　　　　　　　　　　　　　　　　　　　　　　　ポイントカード

Chapter3 11 ベクターイラストでキャラ作り

犬の写真をイラストでできたキャラクターにすることで親しみやすいポイントカードのデザインに。

BEFORE ⟶ 使用前

カード表面

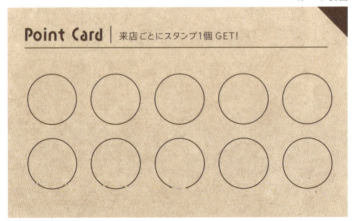

カード裏面

Chapter3 生成ベクター

① 柴犬のイラストを生成
犬の写真からイラストにすることで親しみやすさと可愛らしさを。

② 肉球のイラストを生成
パスでイラストを作成するよりも生成AIで作成したほうが時短！

AFTER → AI使用+デザイン調整後

カード表面

カード裏面

Design デザインのコツ

犬のイラストを入れることで、親しみやすい印象に。文字を湾曲させたり、色を変えたりするだけでクオリティの高いデザインになる。

01 文字を湾曲にさせて下にワンポイントに肉球を入れる。

02 生成AIで犬の肉球を作成して空いている空間に入れる。

03 [喫茶]のカラーを緑にしてタイトルに変化を作る。

04 生成AIで犬の写真をイラストに変更し、親しみやすい印象へ。

05 ②で生成した肉球を丸のところどころに入れてにぎやかに。

デザインの詳細

Layout -レイアウト-

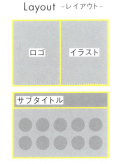

2分割構図でわかりやすいデザインに

Color -カラー配色-

- C60 M72 Y75 K25
  R105 G72 B60
  #69483C

- C58 M51 Y83 K25
  R107 G101 B57
  #6B6539

- C7 M48 Y66 K0
  R232 G155 B90
  #E89B5A

Font -フォント-

しばいぬ メインフォント AB-tombo_bold Regular

喫茶 サブフォント VDL メカ丸 K

Point サブフォント AB-tombo_bold Regular

Chapter3 生成ベクター

AI Recipe 柴犬のキャラの作り方

プロンプト │ シンプルな柴犬のキャラクター、太っている

Step 1 柴犬のイラストを生成する

Illustrator の［長方形ツール］で四角形を作成し、［コンテキストタスクバー］の［生成ベクター］をクリック、プロンプトを入力します。
今回はゆるっとした可愛いイラストを生成したいので［シンプルな柴犬のキャラクター 太っている］と入力し、［生成］をクリックします。

コンテキストタスクバーがでていない時は［ウィンドウ］→［コンテキストタスクバー］をクリック

Step 2 イメージに近い生成イラストを選ぶ

画像を生成すると、［プロパティ］パネルの中にバリエーションが3つでてきます。もし、バリエーションの中にイメージに近い画像がなければ数回ほど［生成］ボタンをクリックして色々なパターンを生成しましょう。

犬の特徴なども入れるとより理想に近くなるよ！

Step 3 生成イラストの不要な部分を消去する

生成したイラストの中で不要部分を消去する際は、［オブジェクト］→［すべてのグループ解除］で全体のグループ解除をします。

全体のグループが解除できたら不要な箇所をクリックし消去します。また色の変更をする際もこの手順で一部の色を変えてあげるとよいでしょう。

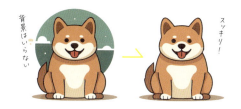

背景はいらない　スッキリ！

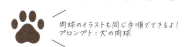

肉球のイラストも同じ手順でできるよ！
プロンプト：犬の肉球

生成ベクター　　　　　　　　　　　　　　　　　　　　　スタンプ

Chapter3
12 | 生成AIでスタンプ作成

Illustratorの生成ベクターを使ってLINEなどのアプリで使えるようなスタンプを作ります。生成したイラストはデザインの素材として活用してもOK!

BEFORE ⟶ AI 使用 デザイン調整前

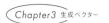

① **生成ベクターでドットのイラストを作る**
生成ベクターを使って1個ずつ生成する。

② **生成再配色を使って全体の色味を整える**
全体のイラストに統一感をだすために、生成再配色で色味を整える。

AFTER ⟶ AI使用+デザイン調整後

LOVE

やったー

もうねるよ。

帰ります

Thank You

ごはんいる

おはよう

おやすみ

でんわしよ

おふろ

Design デザインのコツ

イラストがドットなので、フォントもドットにしてデザインの世界観を統一することがポイント。色を生成再配色で統一感を持たせよう。

① 右ページの Step ①で生成したイラストに必要のないベクターデータがあった場合は消去して綺麗にする。

② イラストの雰囲気に合わせて、ドットのようなフォントを入れる。

③ 吹き出しの中に四角の図形を付け足してアレンジする。

デザインの詳細

Layout －レイアウト－
イラストの下に文字を配置する無難な技

Color －カラー配色－
C54 M58 Y0 K0
R135 G114 B178
#8772B2

C44 M5 Y3 K0
R148 G206 B237
#94CEED

C5 M41 Y3 K0
R236 G175 B202
#ECAFCA

Font －フォント－
メインフォント
LoRes 9 Plus OT Wide Bold Alt

メインフォント
AB-koki Regular

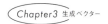

Chapter3 生成ベクター

AI Recipe ドット絵の作り方

プロンプト｜ドット絵＋下記ワード

 ハート
 星
 寝ている あざらし キャラクター デフォルメ
 UFO
 白いうさぎ デフォルメ
 白いご飯 デフォルメ
 太陽 デフォルメ
 ベッド デフォルメ
 吹き出し デフォルメ
 受話器 デフォルメ
 お風呂 デフォルメ
 OK デフォルメ

Step 1 生成ベクターを使ってイラストを生成する

Illustratorの［長方形ツール］で四角形を作成し、［コンテキストタスクバー］の［生成ベクター］をクリック、プロンプトを入力します。

［コンテンツの種類］→［アイコン］
［一般設定］
［効果］→［ピクセルアート］
［カラーとトーン］→［カラープリセット：パステルカラー］

Step 2 生成再配色でイラスト全体のトーンを調整

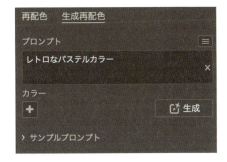

生成したドットイラストをすべて選択してから、［プロパティ］→［オブジェクトを再配色］をクリックし、上にある［生成再配色］からイメージする色のプロンプトを入力します。今回は［レトロなパステルカラー］と入力し、［生成］をクリックしました。これだけで選択したイラストの配色イメージが統一されます。

89

Chapter3
13 | 横顔ストーリー

横顔はデザインにストーリー性をもたらせてくれる万能モチーフ。ポスターやバナー、ビジネスなど様々なデザインに使えそう。

BEFORE ⟶ AI 使用前

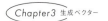

① **生成ベクターで横顔を作る**
生成ベクターを使って女の子の横顔を生成する。

② **キラキラの生成ベクターを作る**
周りのキラキラなども生成ベクターで生成して時短！

AFTER ⟶ (AI使用+デザイン調整後)

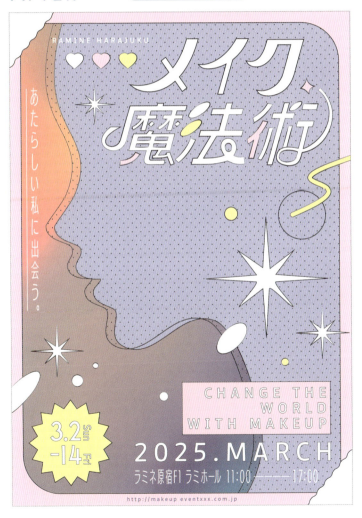

Design デザインのコツ

ベクターイラストに細い線やテクスチャを入れることでデザイン全体をグラフィカルで今っぽい雰囲気に。

01 生成した横顔ベクターにテクスチャをかけてグラフィカルに。

02 生成した生成ベクターのパスを少し調整し、大胆に大きく配置する。

03 生成したキラキラのベクターはメリハリを意識して配置する。

04 角にふにゃふにゃをつけて今っぽく。

デザインの詳細

Layout -レイアウト-

- キャッチコピー
- タイトル
- イラスト
- イベント詳細

イベントの詳細を下にして見やすく

Color -カラー配色-

C0 M19 Y0 K0
R250 G222 B235
#FADEEB

C26 M25 Y0 K0
R196 G191 B223
#C4BFDF

C0 M0 Y42 K0
R255 G249 B172
#FFF9AC

Font -フォント-

メイク メインフォント AB-andante Regular

魔法術 メインフォント VDL メガ G R

出会う。 サブフォント FOT-UD 角ゴ C60 Pro L

MARCH サブフォント Jali Latin Variable Regular

Chapter3 生成ベクター

AI Recipe 横顔の作り方

| プロンプト | 女性の横顔シルエット アニメ風 シンプル |

女の子の横顔イラストを生成する

Illustratorの[長方形ツール]で四角形を作成し、[コンテキストタスクバー]の[生成ベクター]をクリック、プロンプトに[女性の横顔シルエット アニメ風 シンプル]と入力します。今回は生成したベクターを調整する前提で生成するので、[すべての設定を表示]をクリックします(右の「クリック!」の場所参照)。

生成ベクターの設定を調整する

理想の生成ベクターに近づけるために、設定をします。

[コンテンツの種類]→[アイコン]
[ディテール]→[最低]に少し近づけます。次に、生成したベクターをあとで調整しやすいようにしたいので、[カラーとトーン]→[白黒]にします。

スタイルの右にある[すべてクリア]ではスタイルの設定をすべて、リセットすることができます。

生成したベクターを調整する

[パスファインダー]パネルの①をクリックし、オブジェクトを合体させます(この操作をすると生成塗りつぶしの編集ができなくなるので注意しましょう)。
今回デザインのイメージ的に髪の毛は不要だったので[ダイレクト選択ツール]でパスを消去します。パスの移動、リフレクトで反転などをしてデザインに落とし込みやすいように形状を整えて使いましょう。

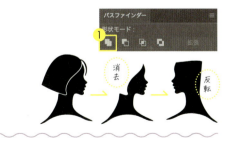

キラキラのイラストも同じ手順でできるよ!
プロンプト:キラキラ 宇宙

生成ベクター　　　　　　　　　　　　　　　　ベビー商品のバナー

Chapter3
14 ｜ 可愛い柄でにぎやかに

背景が少し寂しいなと感じるときはIllustratorの生成パターンで柄を作ってバナー全体をにぎやかに。

BEFORE → 使用前

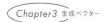

① **生成パターンで柄を生成する**
生成パターンで可愛い柄を生成。

② **生成ベクターで哺乳瓶のイラストを追加**
生成ベクターで哺乳瓶を作って作業効率化！

デザインのコツ

全体的に丸みのあるフォントとあしらいを持ったベクター素材を使うことで、子供らしいデザインになる。

01 生成ベクターで哺乳瓶のイラストを足してにぎやかにする。

02 目立たせたい［30］の部分を黄色にして訴求力アップ！

03 写真のトリミングをもくもくした雲のような形に変えて可愛らしく。

04 丸みのある図形を敷いて詳細をよりわかりやすくする。

デザインの詳細

Layout -レイアウト-

半分をタイトルに。一目でわかりやすい構図

Color -カラー配色-

C59 M14 Y29 K0
R108 G177 B182
#6CB1B6

C0 M8 Y56 K0
R255 G234 B134
#FFEA85

C0 M36 Y22 K0
R246 G186 B180
#F6BAB4

Font -フォント-

ベビー メインフォント AB-kirigirisu Regular

30% メインフォント AB-maruhanamaki Regular

3.03 サブフォント AB-babywalk Regular

Chapter3 生成ベクター

AI Recipe 柄の作り方

> プロンプト｜クレヨンタッチのメンフィスパターン

Step 1 子供向けの可愛い柄を生成する

Illustrator の画面上にある［ウィンドウ］→［パターンオプション］をクリックします。［パターンオプション］の中にある［生成パターン（Beta）］1 をクリックしてプロンプトを入力しましょう。
子供向けの可愛い柄を生成したいので［クレヨンタッチのメンフィスパターン］と入力します。

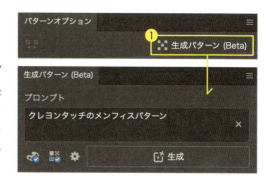

Step 2 設定を調整して理想の柄にする

プロンプトを打ち込んだら次に、理想の柄に近づけるために設定を調整します。

1 から［カラーとトーン］の［カラープリセット：パステルカラー］2 から［効果］の［フラットデザイン］［落書き］にチェックマークを入れて［生成］をクリックします。

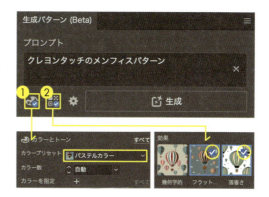

Step 3 模様サイズを調整する

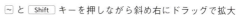

柄が生成できたら、デザインに使いやすいように柄を拡大縮小させます。

生成した柄をクリックした後に［拡大・縮小ツール］をクリックし、キーボードの〜と Shift キーを同時に押した状態でマウスで柄をクリックしながら斜め右・斜め左にスライドすると柄が大きく拡大・縮小されます。

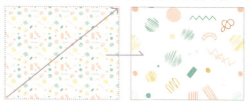

哺乳瓶のイラストは生成ベクターからできるよ♪（P22参照）
プロンプト：哺乳瓶

生成ベクター　　　　　　　　　　　　　　　　　フラワーショップの名刺

Chapter3
15 ｜ お花の生成ベクターでオシャレ

細い線でできたチューリップのお花で韓国のデザインっぽく。同じイラストを均等に3つ並べると可愛くなる。

BEFORE ⟶ AI 使用前

owner
斉藤　なぎこ
NAGIKO SAITO

090-3333-4XXX
flower.nagiko.xxx@xxxx.com

名刺表面

Flower Shop Nagiko

名刺裏面

Chapter3 生成ベクター

AI
AI生成箇所

細い線でできたチューリップを生成する

Illustratorの生成ベクターを使って韓国のイラストなどでよく見かける雰囲気の、細い線でできたチューリップを生成する。

AFTER → AI使用+デザイン調整後

名刺表面

名刺裏面

99

Design デザインのコツ

ぐにゃぐにゃのベクターと落ち着いた配色が魅力的な女性的なデザイン。生成したチューリップのイラストを引き立てるデザインにしていこう。

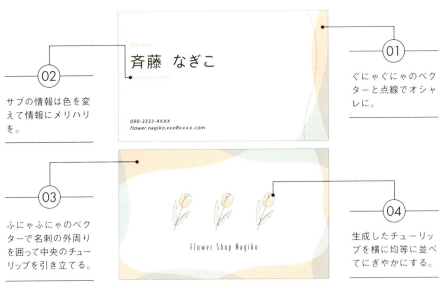

02 サブの情報は色を変えて情報にメリハリを。

01 ぐにゃぐにゃのベクターと点線でオシャレに。

03 ふにゃふにゃのベクターで名刺の外周りを囲って中央のチューリップを引き立てる。

04 生成したチューリップを横に均等に並べてにぎやかにする。

デザインの詳細

Layout -レイアウト-

名前 / 詳細

情報やイラストを固めて余白をきれいに

イラスト

Color -カラー配色-

C21 M9 Y15 K0
R210 G221 B217
#D2DDD9

C0 M20 Y20 K0
R251 G218 B200
#FBDAC8

C0 M2 Y6 K0
R255 G252 B244
#FFFCF4

Font -フォント-

なぎこ　メインフォント
砧 丸丸ゴシック
CSr StdN R

owner　サブフォント
CoconPro Ita

Flower　サブフォント
Bodega Sans Light

AI Recipe チューリップのイラストの作り方

プロンプト │ 一筆書き風のモダンなチューリップのイラスト

 チューリップのイラストを生成する

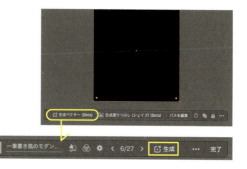

Illustratorの[長方形ツール]で四角形を作成し、[コンテキストタスクバー]の[生成ベクター]をクリックし、プロンプトを入力します。
今回は繊細な細い線のチューリップのイラストを生成したいので[一筆書き風のモダンなチューリップのイラスト]と入力し、[生成]をクリックします。

 カラーとトーンを設定する

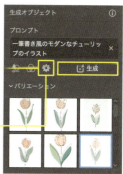

[プロパティパネル]の中に生成したイラストのバリエーションが3つでてきます。その上の歯車マークから細かな設定をしてさらに理想に近づけていきましょう。
[コンテンツの種類] → [被写体]
[ディテール] → [最低]
[カラーとトーン] → [カラープリセット：落ち着いたカラー]
設定したら[生成]をクリックします。

 生成イラストの不要な部分を消去する

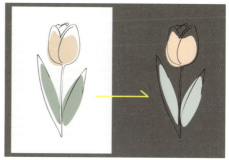

バリエーションの中からイメージする画像を選びます。
なお、生成したイラストの中で不要な部分を消去する際は、全体のグループ解除をします。全体のグループが解除できたら不要な箇所をクリックし消去します。
また色の変更をする際もこの手順で一部を選択し、色を変えてあげるとよいでしょう。

背景のベタと、チューリップの葉の色を変えてみたよ♪

101

生成ベクター　　　　　　　　　　　　　　　　　　　　デザイン入りタグ

Chapter3 16 | 手書きイラストでデザインを作る

文字だけもシンプルで素敵だが、手書き風のイラストを入れるとさらに印象的なデザインになる。

BEFORE ⟶ 🅰️ 使用前

Chapter3 生成ベクター

AI生成箇所

手書き風の狐のイラストを作る。

Illustratorの生成ベクターを使って狐が寝ている姿のイラストを生成します。

AFTER → AI使用+デザイン調整後

Design デザインのコツ

文字と狐のイラストの色をブラックにせず、ネイビーにすることで柔らかい印象に。すべて中央揃えにすると安定感のあるデザインになる。

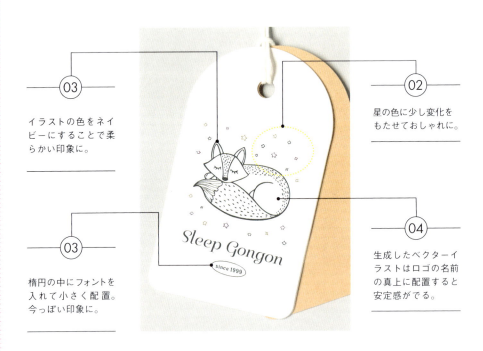

- **03** イラストの色をネイビーにすることで柔らかい印象に。
- **02** 星の色に少し変化をもたせておしゃれに。
- **03** 楕円の中にフォントを入れて小さく配置。今っぽい印象に。
- **04** 生成したベクターイラストはロゴの名前の真上に配置すると安定感がでる。

デザインの詳細

Layout -レイアウト-

すべて中央に揃えた安定感のある王道の構図

Color -カラー配色-

- C80 M65 Y58 K15
  R64 G83 B91
  #40535B

- C41 M44 Y61 K0
  R167 G144 B105
  #A79069

- C65 M77 Y40 K1
  R115 G78 B113
  #734E71

Font -フォント-

Sleep メインフォント
Pauline Didone
Variable Italic Italic

since サブフォント
AB-yurumin
Regular

Chapter3 生成ベクター

AI Recipe 狐のイラストの作り方

| プロンプト | 寝ている狐 |

寝ている狐のイラストを生成する

Illustratorの［長方形ツール］で四角形を作成し、［コンテキストタスクバー］の［生成ベクター］をクリックし、プロンプトを入力します。
今回は寝ている狐のイラストを生成したいので［寝ている狐］と入力します。

設定を調整して理想のイラストにする

コンテキストタスクバーの中にある、歯車マークをクリックし、設定を調整していきます。

［コンテンツの種類］→［被写体］
［ディテール］→［最低］
［効果］→［落書き］
［カラーとトーン］→［白黒］
設定したら［生成］をクリックします。

背景の白いベクターを消去する

生成したイラストの中で不要な部分を消去する際は、全体のグループ解除をします。
全体のグループが解除できたら不要な箇所をクリックし消去します。
また消去する以外にも色の変更をする際もこの手順で一部の色を変えたり移動したりしてあげるといいでしょう。

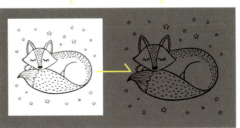

背景を消去してみたよ！

生成ベクター　　　　　　　　　　　　　　　　　　夏のセールポスター

Chapter3
17 | 生成ベクターをぼかして配置

生成ベクターでイラストを生成して時短！生成ベクターをぼかせば背景に馴染み、味がでて、より夏らしさを感じさせることが可能。

BEFORE ⟶ 使用前

魚と貝殻の生成イラストを作る

Illustratorの生成ベクターを使ってシンプルな魚と貝殻のイラストを生成する。

Design デザインのコツ

白は使わず、少しくすんだピンク色にすることで可愛らしい雰囲気に。[sale] の部分の下に反転させた文字を入れて、影っぽい表現にしておしゃれなビジュアルに。

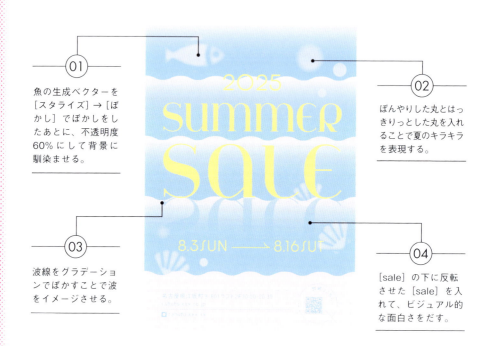

01 魚の生成ベクターを [スタライズ] → [ぼかし] でぼかしをしたあとに、不透明度60%にして背景に馴染ませる。

02 ぼんやりした丸とはっきりっとした丸を入れることで夏のキラキラを表現する。

03 波線をグラデーションでぼかすことで波をイメージさせる。

04 [sale] の下に反転させた [sale] を入れて、ビジュアル的な面白さをだす。

デザインの詳細

Layout -レイアウト-

タイトルを大きく配置して見やすいデザイン

Color -カラー配色-

C42 M14 Y4 K0
R157 G195 B226
#9DC3E2

C3 M13 Y5 K0
R247 G231 B233
#F7E7E9

C6 M3 Y54 K0
R246 G238 B142
#F6EE8E

Font -フォント-

メインフォント
Jeanne Moderno OT Roman

2025
メインフォント
Dazzle Unicase Light

名古屋県
サブフォント
Zen Maru Gothic Medium

AI Recipe シルエットの作り方

プロンプト │ 名前のシルエット

シンプルな魚のイラストを生成する

Illustratorの［長方形ツール］で四角形を作成し、［コンテキストタスクバー］の［生成ベクター］をクリックし、プロンプトを入力します。

【魚の生成ベクターの場合】
プロンプト：魚のシルエット
【貝殻の生成ベクターの場合】
プロンプト：貝殻のシルエット

生成ベクターの設定を調整する

コンテキストタスクバーの中にある、歯車マークをクリックし、設定を調整していきます。

［コンテンツの種類］→［アイコン］
［ディテール］→［最低］
設定したら［生成］をクリックします。

ベクターの色を変える

生成したベクターイラストの色を変えるときは、全体のグループ解除をします。全体のグループが解除できたら変更したい箇所をクリックし、塗りを変更します。

 パスが多いときは、［オブジェクト］→［パス］→［単純化］でパスの数が少なくなってスッキリするよ！

生成ベクター　　　　　　　　　　　　　　　　　母の日のInstagram投稿

Chapter3
18 | お花のフレームでにぎやかに

生成ベクターでフレームを作れば、一気に華やかな雰囲気にすることができる。

BEFORE ⟶ AI 使用前

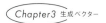

① **生成ベクターでお花のフレームを作る**
Illustratorの生成ベクターを使ってカーネーションのフレームを作る。

② **生成再配色でカラーチェンジ**
生成したフレームの色を生成再配色で色変更する。

AFTER ⟶ AI使用+デザイン調整後

デザインのコツ

赤とピンクのカーネーションを引き立てる、くすんだ配色とうっすらボーダー。母の日を可愛いデザインに。

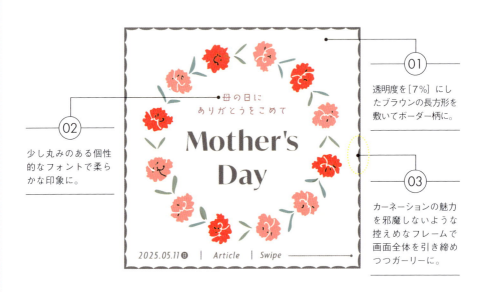

01 透明度を[7%]にしたブラウンの長方形を敷いてボーダー柄に。

02 少し丸みのある個性的なフォントで柔らかな印象に。

03 カーネーションの魅力を邪魔しないような控えめなフレームで画面全体を引き締めつつガーリーに。

デザインの詳細

Layout -レイアウト-

円の中に大きくタイトルを入れて一目でわかりやすい構図

Color -カラー配色-

C0 M0 Y5 K0
R255 G254 B247
#FFFEF7

C50 M50 Y37 K35
R109 G96 B105
#6D6069

C36 M67 Y42 K0
R175 G105 B117
#AF6975

Font -フォント-

Mother's
メインフォント
IvyMode VF
SemiBold

母の日
メインフォント
AR-habywalk
Regular

Article
サブフォント
Agenda
MediumCondItalic

Chapter3 生成ベクター

AI Recipe お花のフレームの作り方

［プロンプト│カーネーションの丸形フレーム］

 フレームを生成する

Illustratorの［長方形ツール］で正方形を作成し、［コンテキストタスクバー］の［生成ベクター］をクリックし、プロンプトを入力します。今回はカーネーションのフレームを生成したいので［カーネーションの丸形フレーム］と入力します。

プロンプト
カーネーションの丸形フレーム

 生成ベクターの設定を調整する

コンテキストタスクバーの中にある、歯車マークをクリックし、設定を調整していきます。

［コンテンツの種類］→［被写体］
［ディテール］→［最低］
［効果］→［落書き］
［カラーとトーン］→［落ち着いたカラー］
設定したら［生成］をクリックします。

 生成再配色でイラスト全体の色味を調整

生成したフレームを選択してから、［プロパティ］の下の方にある［再配色］をクリックします。立ち上がったパネルの上にある［生成再配色］をクリックし、イメージする色のプロンプトを入力します。
今回は［赤とピンクの情熱的なカラー］と入力しました。［生成］をクリックして再配色できます。

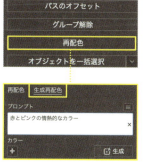

生成ベクター　　　　　　　　　　　　　りんごモチーフのアクセサリーショップシール

Chapter3
19 | 生成ベクターでロゴ作り

生成塗りつぶしを使えば、簡単にロゴを作れる。シールやロゴマーク、なんでも活用できる。

BEFORE ⟶ Ai 使用前

Chapter3 生成ベクター

AI生成箇所

① **生成ベクターでロゴマークの全体を生成する**
Illustratorの生成塗りつぶし（シェイプ）の機能を使ってロゴを作る。

② **生成再配色でカラーチェンジ**
黒い部分をカラーチェンジしたいけど、他の色が混ざってしまってうまくできないときは生成再配色で一気にカラーチェンジ！

AFTER → AI使用+デザイン調整後

Design デザインのコツ

生成したベクターに似合うフォントを選ぶことがポイント。丸いロゴにはアーチのようにフォントを配置すると可愛らしくなる。

01
生成したりんごのイラストの雰囲気に合わせて、インクで書いたような筆記体のフォントにする。

02
もともと大きかったりんごのイラストを10%ほど小さくして余白を作る。

03
丸みのあるフォントを逆さにしてマークにいれるとさらにロゴらしくなる。

デザインの詳細

Layout -レイアウト-

丸いデザインは内側と外側に2分割する構図がおすすめ

Color -カラー配色-

C4 M5 Y29 K0
R248 G240 B196
#F8F0C4

C81 M83 Y70 K56
R40 G32 B40
#282028

Font -フォント-

メインフォント
Quimby Mayoral
Regular

サブフォント
Plulelet OT
Regular

116

Chapter3 生成ベクター

AI Recipe ロゴマークの作り方

プロンプト ｜ 3つならんだりんご ロゴ スタンプ風

ロゴマークの土台を作る

Illustratorの図形ツールを使って丸を作り、りんごのイラストを配置したいところに右図のようにざっくりと図形を作ります。

なお、ロゴの中に文字を入れたい箇所には、あらかじめパスファインダーなどで空洞を作っておくといいでしょう。そこの箇所は余白のまま生成してくれます。

生成塗りつぶしでロゴを生成する

Step①で作った土台を選択し、［プロパティ］から［生成塗りつぶし（シェイプ）(Beta)］をクリックし、プロンプトに［3つならんだりんご ロゴ スタンプ風］と入力します。
なお、インクで作ったようなロゴマークにしたいので、［カラーとトーン］は［白黒］に設定しておき、［生成］をクリックします（P93参照）。

生成再配色でイラスト全体の色味を調整する

イラストのベクターを分解して、色の変更をするとき、生成されたデータが複雑で色の変更をするのが難しいときがあります。そんなときは生成したデータを選択してから、［プロパティ］→［再配色］をクリック→［生成再配色］からイメージする色のプロンプトを入力しましょう。今回はサンプルプロンプトの［サーモンの寿司］から生成再配色をしました（P113参照）。

✦ Column スタイル参照を使おう

Illustrator の「スタイル参照」は、既存のイラストからスタイルを抽出し、抽出したスタイルと似たベクターイラストを生成できる便利な機能です。これにより、統一感のあるベクターイラストを素早く作成することができます。

既存のベクターイラストと統一感のあるイラストを作ろう

今回、スタイル参照を適用するイラストのモデルには、左の宝石のイラストを使用します。参照元となるイラストはスタイル参照をする前にあらかじめ用意しておきましょう。

✦ スタイル参照を使って実際に生成したベクターイラスト

プロンプト：不規則な形の宝石

プロンプト：ダイヤの指輪

プロンプト：ハートの宝石

このように、スタイルの参照元と似た雰囲気のベクターイラストを生成できます。テイストを統一したイラストが欲しいときに便利な機能です。ただし、参照するイラストが著作権上問題ないか、事前にしっかり確認してから使用しましょう。

AI Recipe スタイル参照を使った生成方法

 参照するイラストの画像を用意する

あらかじめ参照にしたいイラストを用意し、Illustratorのアートボード内に配置します。

次に、Illustratorの［長方形ツール］で正方形を作成し、［コンテキストタスクバー］の中にある［生成ベクター］をクリックし、プロンプト「ハート型の宝石」を入力します。

 スタイル参照を設定する

コンテキストタスクバーの中にある、歯車マークをクリックし、設定を調整していきます。

［コンテンツの種類］→［被写体］
［ディテール］→［普通］
［スタイル参照］→［アセットを選択］→
スポイトが出てくるので、参照したい画像をクリックしましょう。
［生成］をクリックします。

 バリエーションの中から選ぶ

生成をしたら、［プロパティ］パネルの中に生成されたものがでてくるので一番イメージに近いものを選びましょう。

Chapter

4

画像合成

20 写真を組み合わせて水面を作る

21 動物に服を着せてオシャレに

22 立体的なぷっくりフレーム

23 画像と画像を繋ぎ合わせる

24 雪を降らせる

25 イラストに色を着彩

26 背景を変えてイメチェン

27 面白デコレーション

28 服装チェンジ

29 図形のくり抜き背景

画像合成　　　　　　　　　　　　　　　　春の展示会のポスター

Chapter4
20 写真を組み合わせて水面を作る

生成AIを使えばリアリティがある水面にすることができ、よりクオリティの高いデザインに仕上げることができる。

BEFORE ⟶ 🅰️ 使用前

Chapter4 画像合成

写真を反転させて水面を作る
写真を反転させ、生成 AI で水面を生成することでよりリアルで説得力のある画面にする。

AFTER ⟶ (AI 使用+デザイン調整後)

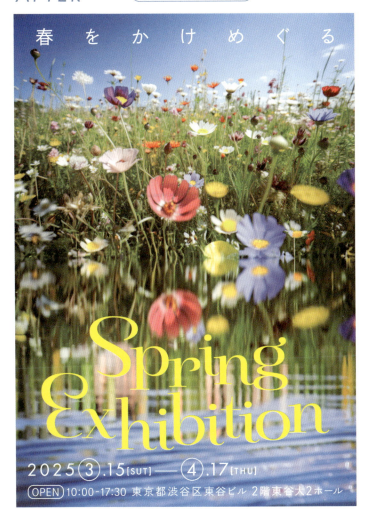

123

Design デザインのコツ

下に水面があることでタイトルが配置しやすくなり、デザインもオシャレな雰囲気に。

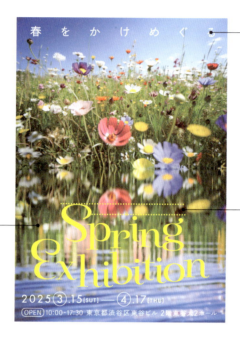

01 キャッチコピーの文字間隔を大幅にあけて抜け感をだす。

02 生成AIで水面を作ってリアリティを追求する。

03 テキストを上下に代わりばんこにすることでリズム感アップ。

デザインの詳細

Layout －レイアウト－

キャッチコピー

タイトル
情報

タイトルを下にして写真が映える構図に

Color －カラー配色－

C0 M0 Y100 K0
R255 G241 B0
#FFF100

C0 M0 Y0 K0
R255 G255 B255
#FFFFFF

C66 M40 Y90 K5
R102 G129 B63
#66813F

Font －フォント－

Spring
メインフォント
Pauline Didone
Variable Regular

めぐる
サブフォント
DNP 秀英角ゴシック銀 Std L

2025
サブフォント
Futura PT Book

Chapter4 画像合成

AI Recipe 反射した水面の作り方

| プロンプト | 水面　反射 |

Step 1 水面の元になる画像を反転させて下準備する

Photoshopで水面を作りたい画像を開きます。今回は水面を作るのでカンバスサイズをあらかじめ縦に大きくしておきます。
次に画像の半分をコピー＆ペースト[編集]→[変形]→[垂直方向に反転]をして下に移動します。レイヤーも下へ移動しましょう。

コピペして反転

Step 2 水面を生成する

上の画像のレイヤー（コピー元の画像）を選択した状態で、[長方形選択ツール]をクリックします。
上の画像を少しかぶらせて下まで選択し、コンテキストタスクバーの[生成塗りつぶし]でプロンプト[水面　反射]と入力して画像を生成します。

黄色の線の範囲を囲ってね！

上の画像を少し選択して生成塗りつぶしをすると、繋ぎ目が綺麗に生成されるよ♪

Step 3 イメージに合う生成画像を選ぶ

プロパティからイメージに合う生成画像を[バリエーション]の中から選びます。
もし、イメージする生成画像がない場合はもう一度[生成]をクリックし、生成します。
今回は3回ほど生成を繰り返しました。

完成した生成画像がこちら！

水面がリアルに！

画像合成　　　　　　　　　　　　　　　　　冬のセールポスター

Chapter4
21 | 動物に服を着せてオシャレに

うさぎに服を着せて、インパクトのある画像を作ってみよう。もちろん、動物以外にも使えるため人間の服を変えることも可能。

BEFORE ⟶ AI 使用前

Chapter4 画像合成

① **うさぎにセーターを着用させる**
Photoshopの生成塗りつぶしでセーターを合成する。

② **うさぎに帽子を被せる**
Photoshopの生成塗りつぶしで帽子を合成する。

AFTER → (AI使用+デザイン調整後)

Design デザインのコツ

文字を大きく配置し、うさぎの顔を囲むようにタイトルを大きくすることでインパクトのあるデザインに。画像とタイトルが個性的なので、装飾はせず極力シンプルにする。

01 キャッチコピーの文字間隔を大幅にあけて抜け感をだす。

02 キャッチコピーの部分だけ黄色にすることで、離れていても繋がりを感じるようにする。

03 うさぎの画像があるところだけスペースをあけて、うさぎを映えるようにする。

デザインの詳細

Layout -レイアウト-

タイトル	タイトル
キャッチコピー	
タイトル	タイトル
キャッチコピー	
タイトル	タイトル
情報	

タイトルを大きく3分割にしてインパクトを

Color -カラー配色-

 C0 M0 Y100 K0
R255 G241 B0
#FFF100

 C0 M0 Y0 K0
R255 G255 B255
#FFFFFF

 C68 M65 Y67 K0
R106 G97 B88
#6A6158

Font -フォント-

真冬に　メインフォント
AB-anzu_R
Regular

冬服が　サブフォント
DNP 秀英角ゴシック銀
Std B

2025　サブフォント
DIN Condensed VF
Light

Chapter4 画像合成

AI Recipe うさぎに服を着せる方法 PS

プロンプト ｜ セーター / 帽子

 Step1 服を着せたい箇所を選択する

うさぎの画像を用意し Photoshop で、服を着せたい部分に、[なげなわツール] で囲います。

[コンテキストタスクバー] → [生成塗りつぶし] →プロンプト [セーター] と打ち込み生成します。
生成したら [プロパティ] → [バリエーション] の中から気に入ったものを選びます。

服を生成！

黄色の部分を[なげなわツール]で囲ってあげよう！

 Step2 帽子を被せたい箇所を選択する

帽子を被せたい部分を [なげなわツール] で囲みます。

[コンテキストタスクバー] → [生成塗りつぶし] →プロンプト [帽子] と打ち込み生成します。
生成したら [プロパティ] → [バリエーション] の中から気に入ったものを選びます。

帽子を生成！

可愛いので、うさぎの耳は帽子から出しておこう！

◆ 生成 AI はアイデアを形にしてくれる便利ツール

雪うさぎの画像をポスターに反映させて冬っぽい雰囲気をだすのも素敵ですが、さらに冬っぽさと SALE のことを販促するために、うさぎに暖かそうなセーターと帽子を着せるアイデアを入れるのもよいでしょう。より視覚的に面白い画像に仕上がります。
生成 AI は実際に撮ることが困難なアイデアも簡単に形にすることができる、とても便利なツールです。

画像合成 | タイムセールのバナー

Chapter4
22 立体的なぷっくりフレーム

立体のふにゃふにゃフレームを生成し、街中のPOPでよく見るような流行りのイメージを作る。光沢ある立体素材を使ったデザインで今っぽくする。

BEFORE ⟶ AI 使用前

① **立体的なぷっくりフレームを作る**
Fireflyで Illustrator で作ったフレームを合成する。

② **ざらっとしたテクスチャを作って背景に入れる**
Photoshop の生成塗りつぶしでざらっとしたテクスチャを生成する。

AFTER → (AI使用+デザイン調整後)

Design デザインのコツ

格子柄を入れたり、背景にテクスチャを入れたり、2色で分割したりすると、よりデザインのクオリティが上がり、おしゃれな印象に。

01 格子柄を入れてタイトル周りにアクセントを。なるべく線を細くすると可愛く見える。

02 背景を2色で斜めに分割しておしゃれに。生成したざらっとしたテクスチャを背景に敷いてその上に色のついたベクターを乗算にしてのせて質感をだす。

デザインの詳細

Layout －レイアウト－

日の丸構図で視線を中心に誘導

Color －カラー配色－

C50 M24 Y4 K0
R137 G173 B214
#89ADD6

C6 M2 Y2 K0
R243 G247 B250
#F3F7FA

C30 M30 Y8 K0
R188 G179 B205
#BCB3CD

Font －フォント－

メインフォント
Adorn Pomander Regular

タイムセール
サブフォント
AB-mogadot9 Regular

Check
サブフォント
Amiri Regular

AI Recipe フレームの作り方

> プロンプト │ 薄い黄色のスライム　背景白

Step 1　Illustratorでフレームの土台を作る

Illustratorの［ペンツール］で右図のようなフレームの形を作成します。また、そこの部分だけスクリーンショットを撮ります。

【スクリーンショットの方法】
Macなら ⌘ + shift + 4
Windowsなら ⊞ + shift + S

Step 2　Fireflyでフレームを合成する

Fireflyでプロンプト［薄い黄色のスライム背景白］と入力します。
次に、Step ①で作ったフレームの画像を［構成］→［画像をアップロード］のところに画像をアップロードします。
［強度］をMAXにして［生成］します。

⚠ 構成参照を使うときは必ず、画像を使用する権利を持っている必要があるので注意が必要です。

形にそった画像ができる！

Step 3　Photoshopで編集する

Step ②で生成した画像をダウンロードし、Photoshopの［マスク］などを使って内側の部分を消去して、枠だけの状態にします。デザインに配置してまとめていきましょう。

133

画像合成　　　　　　　　　　　　　　　　　　　　　旅行のチラシ

Chapter4 23 画像と画像を繋ぎ合わせる

違う画像を繋ぎ合わせれば、カメラではなかなかとらえられないようなストーリー性がある画面ができあがる。

BEFORE ⟶ AI 使用前

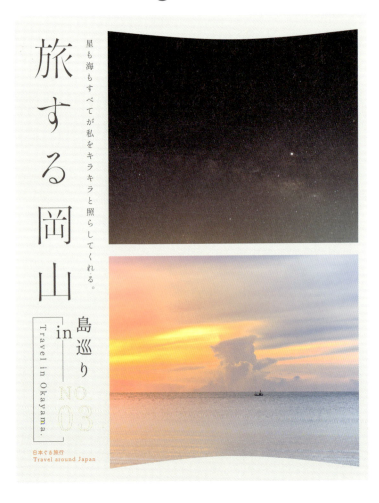

Chapter4 画像合成

画像と画像を繋ぎ合わせる
Photoshop で 2 つの写真を繋ぎ合わせて 1 枚の画像にする。

AFTER → AI使用+デザイン調整後

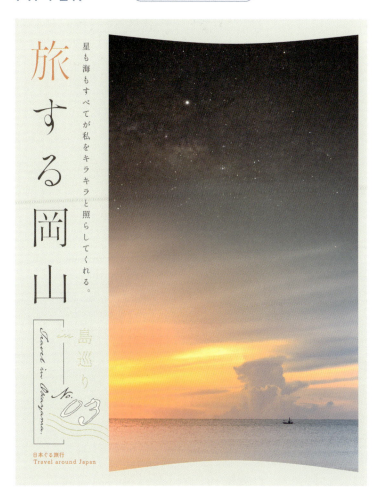

旅する岡山

星も海もすべてが私をキラキラと照らしてくれる。

島巡り No.03
Travel in Okayama.

日本ぐる旅行
Travel around Japan

135

デザインのコツ

シンプルなデザインも、少しの工夫を入れることでクオリティが高く、ストーリーを感じるデザインに。

01 画像の上下を湾曲にしておしゃれに。

02 ［旅］のところだけオレンジにしてワンポイントにする。

03 夜空と海の画像が1つの画像に繋がることで、夜と朝の時間の流れを感じさせる画像にする。

04 ［島巡り］のところの文字を線にして抜け感プラス。

デザインの詳細

Layout －レイアウト－
縦に2分割した、大胆な構図でインパクト◎

Color －カラー配色－
C17 M59 Y76 K0
R212 G128 B68
#D48044

C0 M0 Y6 K10
R239 G238 B230
#EFEEE6

C69 M67 Y69 K24
R87 G77 B70
#574D46

Font －フォント－
旅する　メインフォント　しっぽり明朝 Regular

Travel　メインフォント　Texas Hero Regular

日本ぐる　サブフォント　FOT-筑紫B丸ゴシック Std B

Chapter4 画像合成

AI Recipe 画像と画像の繋ぎ方 PS

プロンプト │ 未入力

Step 1 Photoshopで画像を2つ配置する

Photoshopのアートボードの上下に、少し間隔をあけて2つの画像を配置します。

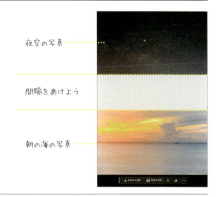

夜空の写真
間隔をあけよう
朝の海の写真

Step 2 画像を2つ選択して生成塗りつぶしを行う

[長方形選択ツール]で少し画像に被った状態に選択します。コンテキストタスクバーの[生成塗りつぶし]をクリックします。

 2つの画像を繋げるときは透明部分だけ選択してしまうと、元の画像と生成された画像の間にぼんやりとした境界線が入るので注意が必要！

少し画像に被って選択！

プロンプトは未入力でOK！ 黄色の線の範囲を囲ってね！

Step 3 バリエーションから生成画像を選ぶ

Step ②で生成塗りつぶしをしたら、[プロパティ]→[バリエーション]に生成された画像が3つでてきます。

他にも様々な景色を繋ぎ合わせることも可能

自然な画像を選ぼう

137

画像合成　　　　　　　　　　　　　　　富士山のデザインコンテストのポスター

Chapter 4
24 | 雪を降らせる

生成AIを使えば晴れた空に雪を降らせることも可能。デザインにストーリー性をもたせたいときにおすすめ。

BEFORE ⟶ AI 使用前

生成塗りつぶしで雪を降らせる

Photoshopの生成塗りつぶしの機能を使って空に雪を降らせる。

AFTER ⟶ (AI使用+デザイン調整後)

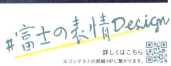

Design デザインのコツ

ファインダーフレームを入れることで、ファインダーをのぞいたようなストーリー性のあるデザインに。

01 ファインダーフレームを入れて画面に面白さをだす。

02 白のグラデーションをかけることで文字自体に空気感が生まれる。Before の重い印象と違って軽やかな印象になる。

03 手書き文字でアクセント。さらに黄色の下線を入れると強調できる。

04 余白を作って抜け感プラス。

デザインの詳細

Layout －レイアウト－

写真の比率が大きく、写真映えする構図

Color －カラー配色－

C81 M38 Y30 K0
R25 G129 B159
#19819F

C7 M3 Y86 K0
R245 G233 B40
#F5E928

C83 M71 Y63 K30
R50 G65 B72
#324148

Font －フォント－

Fuji　メインフォント　AdornS Garland Regular

第３回　メインフォント　FOT- セザンヌ ProN M

#富士　サブフォント　AB 好恵の良寛さん DB Regular

Chapter4 画像合成

AI Recipe 雪の降らせ方

プロンプト ｜ 雪が降っている

Step 1 景色を変えたいところを選択する

Photoshop で雪を降らせたい画像を開きます。
雪を降らせたい箇所に［なげなわツール］などを使って、選択範囲を作りましょう。

Step 2 プロンプトを入力して生成する

選択ができたら、下に［コンテキストタスクバー］がでてくるので、［生成塗りつぶし］をクリックし、プロンプト［雪が降っている］と入力し、［生成］をクリックします。

Step 3 バリエーションから生成画像を選ぶ

［プロパティ］→［バリエーション］に生成された画像が3つでてくるので、その中から一番良いものを選びましょう。

 このような、コンテストなどに作品を応募するときには、生成AIを使っても問題ない条件になっているかしっかり確かめてからにしましょう！

画像合成　　　　　　　　　　　　　　　　　　猫カフェポスター

Chapter 4
25 | イラストに色を着彩

Firefly を使えば一瞬で色をつけることが可能。線画のイラストが少し寂しいと感じたら、着彩して塗りのイラストにしてみよう！

BEFORE ⟶ (AI) 使用前

Chapter4 画像合成

線だけのイラストに着彩する
Fireflyで簡単にすべての猫に着彩することができる。

AFTER ⟶ AI使用+デザイン調整後

Design デザインのコツ

猫をちりばめて、にぎやかでゆるゆるとしたデザインに。猫のゆるさに合わせて、手書きっぽい筆記体を入れることで、雰囲気を統一させる。

01 クラフト紙を敷いてゆるさアップ！

02 「C」の部分に「猫の耳」の要素を入れて可愛らしく。

03 手書きイラストに合わせて、手書き風の筆記体を入れて雰囲気を統一させる。

04 猫の左に吹き出しを入れて遊び心をプラス！さらに訴求力がアップ！

デザインの詳細

Layout -レイアウト-

2分割構図でタイトル周りは大きめにとる

Color -カラー配色-

C84 M36 Y73 K0
R11 G128 B96
#0B8060

C0 M6 Y9 K0
R254 G245 B234
#FEF5EA

C9 M43 Y66 K0
R230 G163 B93
#E6A35D

Font -フォント-

CAT メインフォント Altivo Medium

Cafe メインフォント Looking Flowers Script

グランド サブフォント DNP 秀英丸ゴシック Std B

AI Recipe 着彩する方法

> プロンプト │ 猫の水彩イラスト　背景白

Step 1　着彩するイラストを用意する

最初にゆるゆるとした、手書きの猫のイラストを用意します。シンプルな線画でカラーはモノクロでOKです！

 紙に描いたイラストに着彩したいときはイラストの境界線がしっかりとわかる状態で写真をとろう！

ゆるゆるなイラスト♪

Step 2　Fireflyで着彩する

Fireflyの［構成］→［画像をアップロード］のところに準備したイラストをアップロードし、［強度］をMAXにします。

プロンプト［猫の水彩イラスト　背景白］と入力し、［生成］をクリックすればイラストが着彩します。

簡単に着彩できる！

Step 3　Photoshopで背景を消去する

Fireflyで着彩した画像をダウンロードして保存したらPhotoshopで背景の白を消去しましょう。

［コンテキストタスクバー］→［背景を削除］をクリックすれば簡単です。デザインに取り入れましょう。

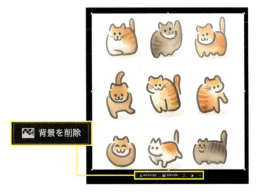

画像合成 　　　　　　　　　　　　　　　　　喫茶店のInstagramの投稿

Chapter4 26 | 背景を変えてイメチェン

画像が少し寂しいときは、画像の背景をタイル調に変え、イメージをガラッと変えてみよう。

Chapter4 画像合成

壁紙をタイルに変える
Photoshopを使って画像の壁紙をタイルに変えてレトロチックな雰囲気に。

AFTER → AI使用+デザイン調整後

147

Design  デザインのコツ

配色は少し明度が低い色を選び、全体にノイズをかける、さらに斜め文字を使い、レトロなデザインに仕上げていく。

01 文字を斜めにしてレトロフォント風にする。

02 全体的にノイズ加工を加えて、レトロな雰囲気にする。

03 縦線の枠を入れて裁縫っぽい雰囲気にする。

04 期間限定のあしらいを丸で囲って訴求力アップ。

デザインの詳細

Layout -レイアウト-

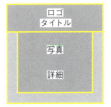

ロゴやタイトルを中心に置いた安定感のある配置

Color -カラー配色-

C26 M100 Y97 K0
R191 G26 B35
#BF1A23

C81 M43 Y13 K0
R30 G123 B177
#1E7BB1

C11 M5 Y7 K0
R232 G237 B237
#E8EDED

Font -フォント-

クリーム メインフォント AB-kirigirisu Regular

くりぃむ サブフォント 砧 iroha 26tubaki StdN R

喫茶从 サブフォント せのびゴシック Bold

Chapter4 画像合成

AI Recipe タイルの壁の作り方 PS

> プロンプト ｜ 水色のタイルの壁

壁紙を選択する

Photoshopで画像を開き、壁紙を変えたい箇所に［オブジェクト選択ツール］を使って選択範囲を作ります。

プロンプトを入力して生成する

［コンテキストタスクバー］で、［生成塗りつぶし］をクリックし、プロンプト［水色のタイルの壁］を入力→［生成］をクリックします。

「タイル」以外にも、「壁の色」や、「柄のある壁」、「空」とするのも１つのアイデア！

バリエーションから生成画像を選ぶ

［プロパティ］→［バリエーション］に生成された画像が３つでてくるので、その中から一番良いものを選びましょう。

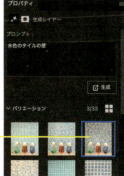

少し曲がったタイルや、形が一部違うタイルが生成されるので綺麗な正方形のタイルを選ぼう！また、ない場合は何度も生成を繰り返すのがポイント。

149

画像合成　　　　　　　　　　　　　　　　　展覧会のポスター

Chapter4
27 面白デコレーション

生成AIを使えば簡単に非現実的な面白い画像を作ることができます。個性的なデザインを作りたいときにおすすめ。

BEFORE ⟶ AI 使用前

① 食べ物にアニマル要素を合成する
卵焼きやエビフライ、ゆで卵、焼き鮭、にアニマルな要素を足す。

② にんじんをハート形にくり抜く
丸いにんじんをハートの形にくり抜いて可愛らしく。

AFTER → (AI使用+デザイン調整後)

Design デザインのコツ

画像が個性的なら、デザインの要素も負けていられない！フォントを調整したり、工夫を入れたりしてインパクトのある画面作りをしていこう。

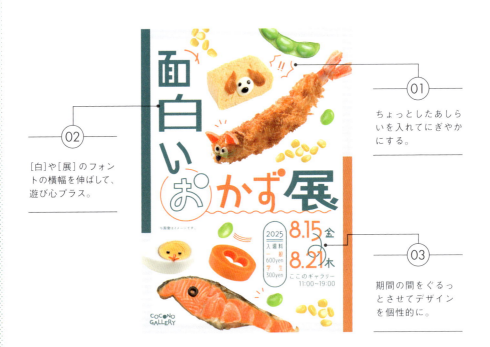

01 ちょっとしたあしらいを入れてにぎやかにする。

02 ［白］や［展］のフォントの横幅を伸ばして、遊び心プラス。

03 期間の間をぐるっとさせてデザインを個性的に。

デザインの詳細

Layout －レイアウト－

個性的な構図で目を引くデザインに

Color －カラー配色－

C15 M64 Y74 K0
R214 G118 B69
#D67645

C86 M45 Y49 K0
R1 G117 B126
#01757E

C10 M7 Y8 K0
R234 G235 B233
#EAEBE9

Font －フォント－

面 　メインフォント
　　AB-hanamaki
　　Regular

ず 　メインフォント
　　せのびゴシック
　　Regular

ここの 　サブフォント
　　砧 iroha 26tubaki
　　StdN R

Chapter4 画像合成

AI Recipe デコレーションする方法 PS

| プロンプト | 食べ物の名前＋動物の名前の顔 |

 卵焼き 犬の顔

 ゆで卵 アヒルの顔

 ハート形に くり抜く

 焼き鮭でできた 魚の顔

 エビフライででき た猫の顔

Step 1 デコレーションしたい部分を選択する

Photoshopでデコレーションしたい画像を選びます。顔にしたい部分を［なげなわツール］で選択し、［生成塗りつぶし］をクリックして、プロンプトを入力して［生成］します。

ここでは上記のプロンプトを入力しています。「食べ物の名前＋動物の名前」の顔とするのがコツです。

プロンプト 卵焼き 犬の顔

Step 2 バリエーションから生成画像を選ぶ

［プロパティ］→［バリエーション］に生成された画像が3つでてくるので、その中から一番良いものを選びましょう。

 生成塗りつぶしは面白い画像を作ることができますが、実際に存在しないものでもあります。デザインの案件によっては、使用できないことがあるので注意しましょう。

可愛い犬の卵焼きができた！

画像合成　　　　　　　　　　　　　　　　　　転職サイトバナー

Chapter 4
28 | 服装チェンジ

スーツを着た男性の写真素材が無い場合も大丈夫！ 生成AIを使えば服装をチェンジすることができる。

BEFORE ⟶ AI 使用前

154

私服をスーツにチェンジする

届けたい内容とメッセージに合った服装に変えていこう。

AFTER → AI使用+デザイン調整後

Design デザインのコツ

フォントを大きくしたり、対角線上に情報を配置することで視線の流れがスムーズに。

01 必殺！斜め文字。文字を斜めにすることでビジネス感と勢いを表現することができる。

02 キャッチコピーの下にベタを敷いたり、色を一部だけ変えて訴求力アップ！

03 斜めになった青のベタを乗算にして、右半分になるように配置する。

デザインの詳細

Layout -レイアウト-

[Z]の流れで視線が誘導される構図

Color -カラー配色-

C85 M49 Y30 K0
R20 G112 B149
#147095

C9 M4 Y87 K0
R241 G229 B37
#F1E525

C0 M0 Y0 K0
R255 G255 B255
#FFFFFF

Font -フォント-

今こそ　メインフォント
源ノ明朝 Medium

キャリア　サブフォント
源ノ角ゴシック Bold

TENSION　サブフォント
Aptly Medium

AI Recipe 私服からスーツに変える方法

| プロンプト | 黒のスーツ　男性 |

Step 1 服装を変えたいところを選択する

Photoshopで男性の画像を開きます。

服を変更したい箇所に［なげなわツール］などを使って囲み、選択しましょう。選択範囲はやや大きめに、アバウトな範囲でも構いません。

手は選択しない

Step 2 プロンプトを入力して生成する

選択ができたら、下に［コンテキストタスクバー］がでてくるので、［生成塗りつぶし］をクリックし、プロンプト［黒のスーツ　男性］と入力→［生成］をクリックします。

入力して生成された画像

手を選択範囲内に入れてしまうと、ポーズが変わったりしてしまいます。なるべく変更したいところ以外は選択しないようにしよう！

Step 3 バリエーションから生成画像を選ぶ

Step②で生成塗りつぶしをしたら、［プロパティ］→［バリエーション］に生成された画像が3つでてくるので、その中から一番良いものを選びましょう。

スーツに着替えることができたよ！

スーツ以外にも「白衣」や「作業着」など、違う服装にするのも1つのアイデア！

画像合成　　　　　　　　　　　　　　　　　　　ビアガーデンのポスター

Chapter4
29 図形のくり抜き背景

ベタッとした背景を、芝生をハート形にしてくり抜いたような立体的な画像に変え、ユニークな背景に。

BEFORE → AI 使用前

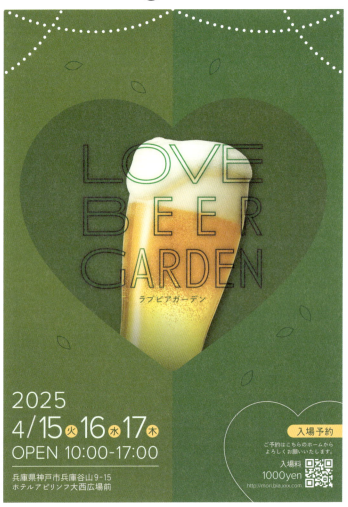

Chapter4 画像合成

ハート形にくり抜いた背景を生成する
Fireflyでハート形にくり抜いた背景を生成する。

AFTER → AI使用+デザイン調整後

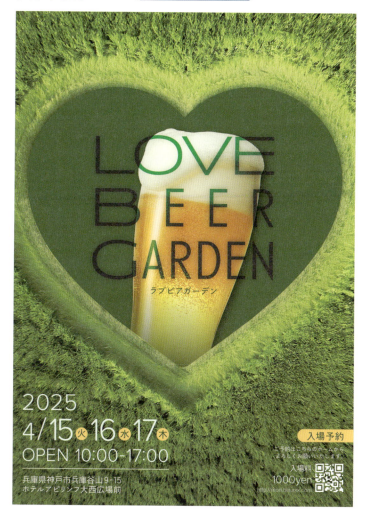

Design デザインのコツ

AIで作った背景の写真を活かしタイトルの配置をしていく。背景が個性的なので、デザインは少し控えめにするのがポイント。

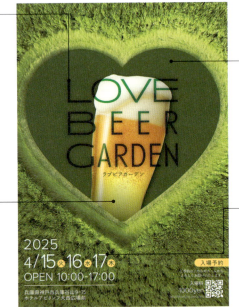

01 タイトルを［焼き込みカラー］にしてドロップシャドウで写真に馴染ませる。中央揃えのタイトルのときは左右の端を揃えると綺麗に見える。

02 ハートの画像にそってハートの図形のベタを敷く。そうするとタイトル周りが見やすくなる。

03 ビールの画像も芝生の中に入っているように見せてユニークにする。

04 ［月］と［日］で文字のジャンプ率に差を付けて見やすく。

デザインの詳細

Layout -レイアウト-	Color -カラー配色-	Font -フォント-
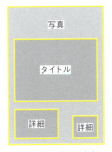 タイトルの下に詳細を左右に入れてバランスのいい構図に。	C91 M54 Y93 K25 R0 G85 B53 #005535 C5 M26 Y76 K0 R242 G197 B75 #F2C54B C8 M1 Y11 K0 R240 G246 B234 #F0F6EA	BEER　メインフォント Anisette Std Light 2025　メインフォント Proxima Nova Light 入場予約　サブフォント 砧 iroha 26tubaki StdN R

160

Chapter4 画像合成

AI Recipe 図形のくり抜き画像の作り方 Fi

プロンプト | 芝生 ハート形にくり抜き 真上から見た構図

 ## Illustratorで画像の土台を作る

Illustratorで右画像のような、ハートの形を作成し、この部分だけスクリーンショットを撮ります。

これが土台になる

 ## FireflyでフレームをAI合成する

Fireflyでプロンプト [芝生 ハート形にくり抜き 真上から見た構図] と入力します。Step ①で作ったフレームのスクリーンショットを [構成] → [参照] → [画像をアップロード] のところにアップロードします。[強度] → MAX にします。

こんな感じの画像ができる！

 ## Photoshopで編集する

Step ②で生成した画像をダウンロードし、Photoshopの [切り抜きツール] で背景を生成して拡大します。これで縦長のポスターに使いやすいようになりました。
ビールの画像を芝生の中に入れてデザインを作っていきましょう。

さらに生成拡張

161

✨ Column 理想の生成ができないとき

Fireflyで思い描いた通りの画像が生成されないことは多々あります。その原因の1つとして、AIへの指示が十分に具体的でないことが考えられます。プロンプトの内容を見直し、より詳しくスタイルや構図、色などを指定することで、理想に近い画像を生成しやすくなります。ここでは6つのPointを紹介します。

Point 1　プロンプトを再確認する

プロンプトは具体的に指示するほどAIが認識しやすくなります。うまく生成できない場合は、不足情報を確認し、必要な要素を追加したり、単語の間にスペースを入れると良いでしょう。

Point 2　一般設定を細かく調整する

プロンプト以外に、設定の調整でもAIに指示できます。設定を活用すると理想の画像を生成しやすくなりますが、ときには設定なしの方が良い場合もあるため、調整しながら試すのが効果的です。 詳しくは右ページ

Point 3　Photoshopの生成塗りつぶしで後から微調整をする

生成AIが作成する画像は必ずしも完璧ではないため、ある程度イメージに近づいた段階で、Photoshopの「生成塗りつぶし」を活用して調整すると作業が効率的になります。不要な部分を削除したり、背景を補完したりすることで、仕上がりをよりナチュラルに整えることができます。細かい修正を加えることで、理想のイメージにさらに近づけることが可能になり、デザインにも落とし込みやすくなります。（P65参考）

構成参照を使ってさらに具体的な指示を行う

Fireflyの設定にある［構成］は、生成する画像の「形」を指定するのに適した機能です。似た形の別の画像を作りたいときに活用できます。ただし、この機能は参照画像をもとに生成されるため、元となる画像を自分で作るか、必ず著作権や利用規約を確認した上で使用しましょう。

スタイル参照を使ってさらに具体的な指示を行う

Fireflyの設定にある［スタイル］は、生成する画像の「雰囲気」を指定するのに適した機能です。
スタイル内にある［参照］は似た雰囲気の別の画像を作りたいときに活用できる便利な機能です。
ただし、この機能も参照画像をもとに生成されるため、元となる画像を自分で作るか、必ず著作権や利用規約を確認した上で使用しましょう。

効果の設定を調整してさらに具体的な指示を行う

［効果］は、スタイル参照と同じように生成する画像の「雰囲気」をさらに具体的に指示することができます。生成する、画像の色味や表現方法、カメラアングルなども指示することができるので調整しながら試すのが効果的です。

Chapter

5

タイポグラフィ

30 素材と文字を組み合わせる

31 タイトル周りをにぎやかに

32 バルーン文字でお祝い気分

33 あわあわ素材をくり抜く

34 うるつや文字を作ろう

35 ゼロから筆記体

タイポグラフィ　　　　　　　　　　　　　　　　　ポップ アップ ストアのバナー

Chapter 5
30 | 素材と文字を組み合わせる

生成AIで素材感のあるリボンや文字を作ることで、ベタッとした印象を一気に華やかな印象に変えることができる。

BEFORE　→　**AI** 使用前

① **生成AIでシルバーのリボンを作る**
ツヤ感のあるリボンを作ってベタのフォントでは出せない魅力を引き出す。

② **生成AIでリボンの文字を作る**
リボンと文字の質感を一緒にすると、デザイン全体に統一感が生まれる。

AFTER ⟶ (AI使用+デザイン調整後)

Design デザインのコツ

質感のある生成文字とベタの文字の相性は抜群！ 右上のリボンとポップアップのリボンは同じテイストに。Z世代向けのデザインにおすすめ。

01 シルバーのリボンを生成する。

02 ①のスタイルを適用させた文字を生成して統一感をだす。

03 生成画像をベタのフォントの上にのせてアクセント。

04 余白をにぎやかにするために、点線を入れる。

デザインの詳細

Layout -レイアウト-

タイトルの面積を多めにとることで見やすいバナーに

Color -カラー配色-

C54 M58 Y0 K0
R135 G114 B178
#8772B2

C44 M5 Y3 K0
R148 G206 B237
#94CEED

C5 M41 Y3 K0
R236 G175 B202
#ECAFCA

Font -フォント-

メインフォント
Jeanne Moderno OT
Ultraltalic

Store
メインフォント
IvyMode VF
Light Italic

2026
サブフォント
Lato Regular

Chapter5 タイポグラフィ

AI Recipe 長体ゆるゆるリボン素材の作り方 Ai Fi

| プロンプト | 滑らかなシルバーのリボン　白背景 |

生成するリボンの形の土台を作る

リボンの土台を作るために、Illustrator で長方形を作成します。
次に Firefly を開き、プロンプトの入力欄に［滑らかなシルバーのリボン　白背景］と入力します。最初に作成した長方形をスクリーンショットし、［構成］→［画像をアップロード］のところに画像をアップロードします。さらに［強度］を MAX にします。

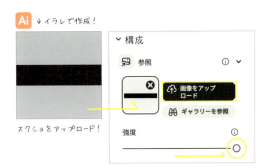

生成画像を理想に近づける

理想のシルバーのリボンに生成したいので、Firefly の設定を調整していきます。

［縦横比］→［ワイドスクリーン (16:9)］
［コンテンツの種類］→［写真］
［カラーとトーン］→［寒色］

写真や寒色にすることで、よりリアルで光沢感のある画像に仕上がります。

生成した画像を選ぶ

Step ②の設定ができたら［生成］ボタンをクリックし、画像を生成しましょう。

ここではより装飾がシンプルで使い勝手のよい左上の画像を選びました。

AIRecipe 参照を使った素材の作り方

> プロンプト │ 滑らかなシルバーのリボン　白背景

Step 1　生成する文字の形の土台を作る

文字の土台を作るために、Illustratorでテキストを打ち込みます。今回はリボンの素材と相性の良さそうなフォント［Jeanne Moderno OT UltraItalic］を選びました。
また、テキストの位置関係をジグザグにすることでリズム感のあるフォント並びにします。土台ができあがったらスクリーンショットを撮ります。

Step 2　Fireflyの生成設定を調整する

Fireflyを開き、プロンプト［滑らかなシルバーのリボン　白背景］と入力します。
Step ①の画像を、［構成］→［画像をアップロード］のところに画像をアップロードします❶。
次に、［スタイル］に前ページで作成したリボンの生成画像をアップロードします❷。
［視覚的な適用量］や［強度］はMAXに設定。
［カラーとトーン］→［寒色］とします。

Step 3　生成した画像を選ぶ

Step ②の設定ができたら［生成］ボタンをクリックし、画像を生成しましょう。

このように［構成］→［参照］や［スタイル］→［参照］にアップロードすると次の生成物を作る際に形やスタイルを寄せてくれます。とても便利な機能ですのでぜひ使ってください。

前ページで決定したリボンの画像

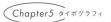

AI Recipe 生成画像の背景を消す 🅿🆂

生成画像の背景を消去する

保存した生成画像をPhotoshopで開き、背景を消去します。
[コンテキストタスクバー]から[背景を削除]をクリックすると、背景をマスクして見えなくなるようにしてくれます。

残ってしまった背景も消去する

少しだけ不要な背景がきれいに残っていたら、消しゴムツールなどを使ってきれいに消去しましょう！
また、ここでは少しリボンが暗い印象だったのでPhotoshopで少し画像自体を明るくしています。すべて生成AIで作る必要はありません。適宜、今までのやり方も組み合わせていきましょう。

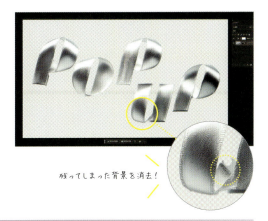

残ってしまった背景を消去！

画像加工ができたら保存し、デザインに使う

Photoshopで画像加工ができたら保存し、Illustratorに配置して、いつものようにデザインを組みましょう。

生成AI時代になっても大事なのはデザインの完成イメージをもつこと！

タイポグラフィ　　　　　　　　　　　　　　　　　　　　　　サムネイルのロゴ

Chapter5
31 | タイトル周りをにぎやかに

生成ベクターで夜空の背景を生成して、文字の中に入れ込むだけで、ベタッとした印象が一気に華やかに変わります。

BEFORE ⟶ Ai 使用前

① **夜の背景を生成する**
単純な背景を作ってフォントの中に背景を入れる。

② **太陽と月のイラストを生成する**
生成ベクターを使ってイラストを作ることで時短に！

AFTER ⟶ AI使用+デザイン調整後

Design デザインのコツ

ドットを入れたり、フォントの下にベタを入れて立体的に見せるなど、ちょっとした一工夫でデザインの完成度が変わる。

01 生成ベクターを入れてにぎやかにする。

02 文字の中にピクセレートを入れてアクセントにする。

03 フォントの下にずらしたベタを入れて立体的に。

04 生成ベクターに白線をつけてくっきり、わかりやすく。

デザインの詳細

Layout －レイアウト－

四角形の中に収まるように配置することで、安定感のある印象にする

Color －カラー配色－

C5 M26 Y74 K0
R242 G197 B80
#F2C550

C7 M53 Y62 K0
R230 G145 B94
#E6915E

C2 M6 Y15 K0
R251 G242 B223
#FBF2DF

C72 M82 Y32 K0
R100 G68 B119
#644477

Font －フォント－

メインフォント
砧 丸丸ゴシック
ALr StdN R

メインフォント
AB-maruhanamaki
Regular

Night
サブフォント
RixToyStory_Pro
Regular

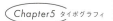

AI Recipe 生成ベクターの装飾の作り方

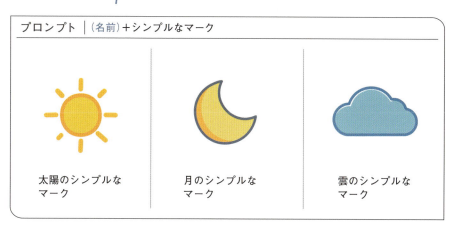

プロンプト ｜（名前）＋シンプルなマーク

太陽のシンプルなマーク

月のシンプルなマーク

雲のシンプルなマーク

装飾用のイラストを生成する

Illustratorの［長方形ツール］で四角形を作成し、［コンテキストタスクバー］の［生成ベクター］をクリックし、プロンプトに［太陽のシンプルなマーク］と入力します。

シンプルなイラストを作りたいので、歯車マークをクリックし、［ディテール］→［最低］にして、［生成］をクリックします。

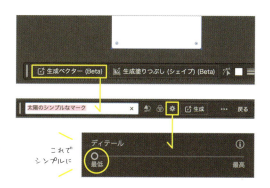

デザインのイメージに合わせて調整する

［線の色を変える］
生成したイラストをダブルクリック→変えたい箇所を選択→カラーパネル変更

［線の太さを変える］
生成したイラストをダブルクリック→変えたい箇所を選択→線幅から太さ調整

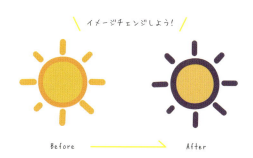

AI Recipe 夜の背景の作り方

> プロンプト │ 夜空のデフォルメ背景

 Step 1 夜の背景を生成する

Illustratorの［長方形ツール］で四角形を作成し、［コンテキストタスクバー］の［生成塗りつぶし（シェイプ）］をクリックしプロンプトに［夜空のデフォルメ背景］と入力します。

コンテキストタスクバーの中にある、歯車マークをクリックします。

クリック！

 Step 2 設定を調整して理想の背景にする

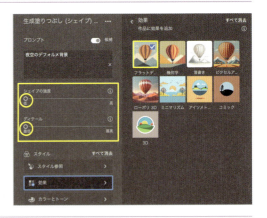

設定を以下のように調整していきます。

［シェイプの強度］→［低］
［ディテール］→［最低］
［効果］→［フラットデザイン］

今回はタイトルロゴに入れるシンプルなイラストを生成したいので、なるべくシェイプの強度やディテールなどは低めに設定します。

Step 3 完成したら、バリエーションから選ぶ

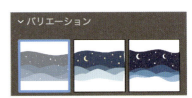

［生成］をクリックしたら［プロパティ］→［バリエーション］の中に3つほどできたものが表示されます。ここでは文字に反映しやすそうなものを選びました。

シンプルな夜空なので
文字にあてはめても
ごちゃごちゃしない！

Chapter5 タイポグラフィ

生成したベクターをロゴに入れる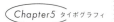

Step 1　夜の背景をフォントに入れる

背景を入れるフォントを用意しアウトライン化します。選択した状態で上の［オブジェクト］→［複合パス］→［作成］をします。

フォントの下に、生成した背景を配置し、右クリック→［クリッピングマスクを作成］をするとフォントの中に背景が入ります。

Step 2　生成したイラストに一工夫する

P175ページで生成したイラストの線を同じ色にして統一感をだし、組み合わせたりします。
イラストの斜め下に同じ色のベタを入れてもいいでしょう。
元のベクターに少し一工夫するだけで、デザインの完成度がかなり変わります。

Step 3　ロゴ周りに配置して完成

イラストや装飾などは対角線上に配置するとバランスがよくなります。
見栄えのよい動画のサムネイルロゴに見えるようにデザインを作っていきましょう。

177

タイポグラフィ　　25周年ポスター

Chapter5
32 | バルーン文字でお祝い気分

立体的な文字にするだけで、視認性がアップしてインパクトのあるデザインに。作ろうとしても難しかったデザインが簡単にできる。

BEFORE → Ai 使用前

Chapter5 タイポグラフィ

① [25] の風船を生成する
Fireflyでプロンプトを入力し、バルーンを生成。

② [Th] [Anniversary] の風船を生成する
既存フォントなどをベースに生成する。

AFTER → AI使用+デザイン調整後

Design デザインのコツ

背景に三角の図形を組み合わせてホログラムっぽくし、紙吹雪などをちらしてお祝いムードを作る。

01 紙吹雪をちらして、お祝いムードを作ってにぎやかに。

02 三角の図形に［ハードライト］の加工をしたものを重ねてホログラム風に。

03 白のフォントに薄くドロップシャドウを入れて見やすく。

04 白の線で囲ってスッキリとさせる。

デザインの詳細

Layout －レイアウト－

2分割にして、見やすい構図に

Color －カラー配色－

- C9 M75 Y37 K0 / R221 G95 B116 / #DD5F74
- C7 M2 Y69 K0 / R245 G236 B102 / #F5EC66
- C61 M30 Y19 K0 / R108 G154 B184 / #6C9AB8

Font －フォント－

Anniversary メインフォント AdageScriptJF Regular

ポイント サブフォント DNP 秀英丸ゴシック Std R

2026 サブフォント マキナス 4 Flat

AI Recipe 数字の風船の作り方

プロンプト ｜ ピンクのバルーンでできた数字の25

Fireflyで数字の風船を作る

ブラウザでFireflyを開き、最初にプロンプトを入力します。今回は数字の風船を生成したいのでプロンプトには［ピンクのバルーンでできた数字の25］と入力しましょう。

プロンプトに「数字の25」と入力するだけで、簡単に数字を生成してくれます♪

一般設定を調整してイメージに近づける

以下の内容を設定していきます。

［縦横比］→［正方形（1:1）］
［コンテンツの種類］→［アート］
［スタイル］→［ギャラリーを参照］からデジタルイラストレーション内の［digital illustration4］ 1 をギャラリーから選択
［生成］をクリックします。

生成した画像の背景を消去する

イメージの画像を選び、ダウンロードします。Photoshopの［マスク］などを使って背景の部分を消去して、「25」だけの状態にし、デザインに使います。完成系では「5」を「2」の上に重ねるように調整しています。

Before → After

AI Recipe [Th] を丸の立体にいれる

| プロンプト | 黄色の丸い風船　中身は白 |

Illustratorで画像の土台を作る

Illustratorで右画像のような、丸の上に白の文字が乗ったデザインを作成し、そこの部分だけスクリーンショットを撮ります。

使用フォント：AdageScriptJF Regular

一般設定を調整してイメージに近づける

ブラウザでFireflyを開き、プロンプト「黄色の丸い風船　中身は白」として以下の内容を設定していきます。

［縦横比］→［正方形（1:1）］
［コンテンツの種類］→［アート］
［構成］→ Step①の画像をアップロードする
［強度］→ MAXにする
［生成］をクリックします。

強度はMAXにしないと形が崩れるので注意！

Photoshopで編集する

Step②で生成した画像をダウンロードしたら、Photoshopの［マスク］などを使って外側の部分を消去して、丸だけの状態にします。

Before ⟶ After

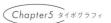

AI Recipe フォントをバルーンにする

| プロンプト | ピンクの風船でできた文字　背景白 |

Illustratorで画像の土台を作る

Illustratorで右画像のような、筆記体のフォントで「Anniversary」と打ち込みます。少し波打つようにデザインを作るのがコツです。この部分だけスクリーンショットを撮ります。

使用フォント：AdageScriptJF Regular

少しカーブをつけておしゃれに見せよう！

Fireflyでフレームを合成する

ブラウザでFireflyを開き、プロンプト「ピンクの風船でできた文字　背景白」として以下の内容を設定していきます。

［縦横比］→［ワイドスクリーン（16:9）］
［コンテンツの種類］→［アート］
［構成］→ Step①の画像をアップロードする
［強度］→ MAXにする

強度はMAXにしないと形が崩れるので注意！

Photoshopで編集する

Step②で生成した画像をダウンロードしたら、Photoshopの［マスク］などを使って外側の部分を消去して、フォントだけの状態にします。レイアウトに組み込み、デザインをまとめましょう。

影も消して、デザインを作成すると綺麗にするときに使いやすい！

タイポグラフィ　　　　　　　　　　　　　　　　石鹸ショップのポスター

Chapter5
33 | あわあわ素材をくり抜く

泡の素材を文字でくり抜いて、視覚的に面白いデザインに。頭の中のイメージを生成AIを使って形にする。

BEFORE ⟶ 🅰️ 使用前

Chapter5 タイポグラフィ

① **泡の素材を文字でくり抜く**
Firefly で泡の素材を文字でくり抜いたような画像を作成。

② **背景を広げる**
作成した画像の周りの余白が足りないので広げる。

AFTER ⟶ AI使用+デザイン調整後

Design デザインのコツ

写真を魅せるデザインにするためになるべくシンプルにする。キャッチコピーは円に沿って可愛らしく見せる。

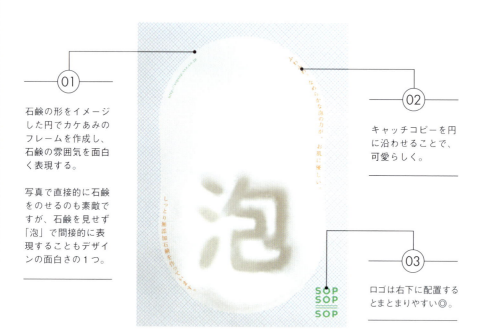

01 石鹸の形をイメージした円でカケあみのフレームを作成し、石鹸の雰囲気を面白く表現する。

写真で直接的に石鹸をのせるのも素敵ですが、石鹸を見せず「泡」で間接的に表現することもデザインの面白さの１つ。

02 キャッチコピーを円に沿わせることで、可愛らしく。

03 ロゴは右下に配置するとまとまりやすい◎。

デザインの詳細

Layout ーレイアウトー

2分割にして見やすく。また、[Z]を意識して配置する

Color ーカラー配色ー

C78 M49 Y7 K0
R58 G116 B178
#3A74B2

C17 M77 Y98 K0
R209 G89 B25
#D15919

C72 M7 Y74 K0
R59 G169 B103
#3BA967

Font ーフォントー

泡　メインフォント
　　墨東レラ５

ふわふわ　サブフォント
　　　　　A-OTF リュウミン Pr6N L-KL

SOP　サブフォント
　　　Altivo Medium

186

AI Recipe 泡に文字をくり抜く

プロンプト │ きめ細やかな泡が混ざった素材 背景白い泡 中は空洞

Step 1 Illustratorでくり抜く文字を作る

Illustratorで右画像のような、太めのフォントで［泡］と打ち込み、文字の部分だけスクリーンショットを撮ります。
この際太めのフォントを選ぶほうが後の工程でくり抜きやすいのでおすすめです。

使用フォント：墨東レラ5

太めのフォントを選ぶほうがくり抜きやすい！

Step 2 一般設定を調整してイメージに近づける

Fireflyで以下の内容を設定していきます。

プロンプト「きめ細やかな泡が混ざった素材 背景白い泡 中は空洞」
［縦横比］→［縦（3:4）］
［コンテンツの種類］→［写真］
［合成］→ Step①の［泡］の画像をアップロード
［強度］→ MAX にする

Step 3 画像を生成する

Step②で設定ができたら［生成］ボタンをクリックし、画像を生成していきましょう。

1回目から綺麗にくり抜かれた画像が生成されることは少ないので、何度か繰り返しイメージに近い画像になるまで生成しなおすことがポイントです。

一番綺麗な泡の画像を選ぼう！

Design デザインのコツ

生成した画像をPhotoshopで細かく調整することで、さらにリアリティのある画像にしていきます。また、ポスターで使いやすくするために生成拡張も行います。

調整前 → 調整後

背景をどのくらい拡張するか決める

ポスターなどのデザインを作るときに使いやすくするためにPhotoshopの［切り抜きツール］を使ってトリミングを拡大します。背景が欲しいところまで生成拡張で引き伸ばします。

プロンプトは未入力のままコンテキストタスクバーの中にある［生成］をクリックします。簡単に背景を拡張してくれます。

Before → After

188

Chapter5 タイポグラフィ

Step2 文字と泡の境界線を少しぼかす

Before → After

文字と泡の境界線がスパッと切れていて、少し硬い印象があるため、泡の柔らかい印象を加えるために境界線に少しぼかしを入れます。

Photoshopの［修復ブラシツール］を使って境界線をぼかしていきましょう。
option（Alt）キーを押しながら白い泡のところをクリックし境界線をマウスポインタでなぞっていきましょう。

Step3 明るさや色味を調整する

泡の白さを際立たせるために明るさや色味などの最終調整をしていきましょう。

今回は［レベル補正］を使って暗いところを明るくしました。

さらに部分的なところを明るくするときは［覆い焼きツール］を使って調整してもいいでしょう。

Before → After

⚠ 明るくするときは白飛びしないように気をつけよう！

タイポグラフィ　　　　　　　　　　　　　　　　　　　化粧水のポスター

Chapter5 34　うるつや文字を作ろう

文字を潤い、つややかなイメージの「うるつや」にして訴求力アップ！商品の魅力も伝わりやすいデザインに。

BEFORE ⟶ AI 使用前

Chapter5 タイポグラフィ

① 文字をうるつやにする
Firefly を使って文字の質感をうるつやにする。

② うるつや素材を入れる
文字と同じような素材を Firefly で作り、全体の雰囲気のバランスを安定させる。

AFTER → (AI使用+デザイン調整後)

Design デザインのコツ

文字だけ「うるつや」だと、全体的に浮いてしまうので、右下に同じような素材を入れてバランスよくしていく。

01 「ぐにゃっ」と波のように写真を切り取ることで動きをだす。

02 背景に大きく商品の名前を入れて、全体的にバランスよく。

03 ふにゃふにゃの細い線とキラキラを入れて可愛らしく。

04 商品の写真を少し傾けて、デザインに動きをだす。

デザインの詳細

Layout -レイアウト-

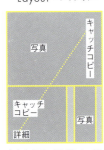

大きく上下に2分割にして見やすく。文字情報は対角線上に配置

Color -カラー配色-

● C23 M67 Y31 K0
R199 G110 B132
#C76E84

● C35 M3 Y13 K0
R176 G217 B224
#B0D9E0

● C39 M25 Y23 K0
R169 G179 B185
#A9B3B9

Font -フォント-

うるつや メインフォント
ベクターで自作したフォント

5.17 サブフォント
貂明朝テキスト Italic

URUUN サブフォント
IvyMode VF Thin

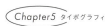

AI Recipe [うる]の部分の作り方

> プロンプト | 透明なみずみずしい素材

 Illustratorで画像の土台を作る

Illustratorのペンツールのパスで、[うる]の文字を作り、スクリーンショットを撮ります。

⚠️ スクリーンショットをするときは周りの余白を大きめにとっておいたほうが、生成するときに端が切れなくなります!

パスで自作したよ!

 一般設定を調整してイメージに近づける

Firefly を開き、プロンプトを入力します。以下の内容を設定していきます。
[縦横比] → [正方形 (1:1)]
[コンテンツの種類] → [アート]
[構成] → Step ①の画像をアップロード
[強度] → MAX にする
[スタイル] → [参照] → [ギャラリーを参照]から ① (3d 9) の画像を選択
[視覚的な適用量] → 中央
[強度] → 中央

 Photoshopで編集する

Step ②で生成した画像をダウンロードしたら、Photoshop の [マスク] などを使って外側の部分を消去して、文字だけの状態にして活用します。同様に「つや」の文字も作っていきましょう。

Before → After

AI Recipe [つや] の作り方　Ai Fi

| プロンプト | 透明なガラス素材 |

Step 1　Illustratorで画像の土台を作る

パスで自作したよ！

Illustratorのパスで、[つや] の文字を作ってそこの部分だけスクリーンショットを撮ります。

 スクリーンショットをするときは周りの余白を大きめにとっておいたほうが、生成するときに端が切れなくなります！

Step 2　一般設定を調整してイメージに近づける

以下の内容を設定していきます。
[縦横比] → [正方形（1:1）]
[コンテンツの種類] → [アート]
[構成] → Step①の画像をアップロード
[強度] → MAXにする
[スタイル] → [参照] → [ギャラリーを参照] から （3dg）の画像を選択
[視覚的な適用量] → 中央
[強度] → 中央

Step 3　生成した画像の背景を消去する

Before　　After

Step②で生成した画像をダウンロードしたら、Photoshopの [マスク] などを使って外側の部分を消去して、フォントだけの状態にします。

また、「や」の部分でガラス同士の重なりに少しごちゃごちゃ感がある場合はPhotoshopで調整したい箇所を選択ツールで囲い、[生成塗りつぶし] で綺麗にします。

黄色のところを選択して、生成塗りつぶしをしよう！

スッキリ！

Chapter5 タイポグラフィ

AI Recipe みずみずしい素材の作り方 Ai Fi

プロンプト ｜ 水滴　背景白

 画像の材料を作る

Illustrator のペンツールで素材の形を作り、そこの部分だけスクリーンショットを撮ります。
次に、Step ②の［スタイル］で使う画像を Firefly で生成します。
［プロンプト］→ 丸い水滴
［縦横比］→ ［正方形（1:1）］
［コンテンツの種類］→ ［アート］
［合成］→ Step ①の画像をアップロード
［強度］→ MAX にする
［スタイル］→ 作成した 3 (3d 3) を選択
［視覚的な適用量］→ 中央 ［強度］→ 中央

水滴のイメージをパスで自作したよ！

生成された画像

 一般設定を調整してイメージに近づける

Firefly で以下の内容を設定していきます。

［縦横比］→ ［正方形（1:1）］
［コンテンツの種類］→ ［アート］
［合成］→ Step ①の 1 をアップロード
［強度］→ MAX にする
［スタイル］→ Step ①の 2 をアップロード
［視覚的な適用量］→ 中央
［強度］→ 中央

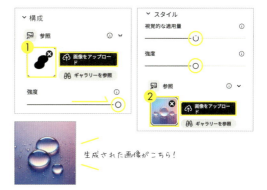

生成された画像がこちら！

 生成した画像の背景を消去し、色味調整する

Step ②で生成した画像をダウンロードしたら、Photoshop の［マスク］などを使って外側の部分を消去する。
色味は色相・彩度で影や色味を薄くして透明感をだすとより good！

生成した画像を後から Photoshop で加工してデザインに馴染ませるのも 1 つの手段！

Before　　　　　　　　After

195

タイポグラフィ　　　　　　　　　バレンタインの店頭ポップ

Chapter5
35 | ゼロから筆記体

超時短技！ Illustrator の生成ベクターで筆記体を生成。

BEFORE ⟶ AI 使用前

Chapter5 タイポグラフィ

生成AI箇所

① 筆記体の［Happy Valentine's Day］
生成ベクターを使って筆記体を生成する。

② ギンガムチェック柄とリボン
生成パターンと生成塗りつぶし（シェイプ）を使って柄とリボンを作る。

AFTER ⟶ AI使用＋デザイン調整後

Design デザインのコツ

ガーリーなフレームやリボンをつけて、全体的に可愛らしい印象のデザインに。

01 モコモコしたもくもくフレームを端につけてガーリーに。

02 線をところどころ途切れさせて、抜け感をプラス！

03 生成した柄の透明度を下げて、デザイン全体がうるさくならないようにする。

04 下にリボンを入れることで画面全体のバランスをきれいにし、可愛らしい印象に。

デザインの詳細

Layout -レイアウト-

情報を中央にまとめて、一目で理解しやすい構図に

Color -カラー配色-

C44 M96 Y60 K3
R157 G41 B76
#9D294C

C0 M3 Y7 K0
R255 G250 B241
#FFFAF1

C26 M67 Y33 K0
R194 G109 B129
#C26D81

Font -フォント-

メインフォント
生成ベクターで作成した筆記体

サブフォント
Darumadrop One Regular

2.14(Fri) サブフォント
Bodega Sans Light

Chapter5 タイポグラフィ

AI Recipe 筆記体を生成する

プロンプト｜バレンタインを感じるシンプルな筆記体のHappy Valentine'sタイポグラフィ

 筆記体を生成する

Illustratorの［長方形ツール］で四角形を作成し、［コンテキストタスクバー］の［生成ベクター］をクリックし、プロンプトを入力します。筆記体を生成したいので、［バレンタインを感じるシンプルな筆記体のHappy Valentine'sタイポグラフィ］と入力しましょう。

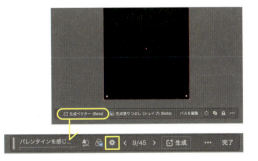

Step 2　設定を調整して理想のイラストにする

コンテキストタスクバーの中にある、歯車マークをクリックし、設定を調整していきます。

［コンテンツの種類］→［被写体］
［ディテール］→［最低］
［効果］→［落書き］
［カラーとトーン］→［白黒］

 背景の白いベクターを消去する

生成したイラストの中で不要な部分を消去する際は、全体のグループを解除をします。

全体のグループが解除できたら不要な箇所（右の画像の白い部分）を［パスファインダー］の 1 で消去します。

時間を短縮しつつ、ダイナミックな筆記体をデザインに入れたいときにおすすめ！

AIRecipe ギンガムチェックを生成する

> プロンプト │ 赤色のギンガムチェック

 生成パターンを開く

Illustratorの上のメニューにある［ウィンドウ］→［生成パターン(Beta)］を開きます。プロンプトに［赤色のギンガムチェック］と入力して［生成］をクリックします。

 生成パターンを使えば、素材を探す時間や作る時間を時短することができる！

 バリエーションの中から選ぶ

何度か生成を繰り返し、バリエーションの中から合いそうな柄を選びます。

［実際に柄を使う場合］
柄を入れたいオブジェクトを作り選択します。バリエーションの中にある柄をクリックするとパターンが反映されます。

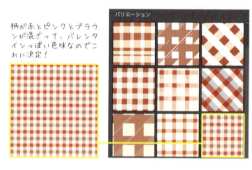

柄が赤とピンクとブラウンが混ざって、バレンタインっぽい色味なのでこれに決定！

 柄の角度を変える

ツールパネルの［回転ツール］を使って柄の向きを変えられます。

柄をクリックし、〜キーを押しながらマウスをドラッグすると柄が回転します。shift を同時に押しながら、マウスをドラッグすると縦横比を保ったまま、きれいに回転することができます。

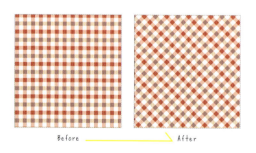

Before → After

200

Chapter5 タイポグラフィ

AI Recipe リボンを生成する

プロンプト │ シンプルなリボンの紐

Step 1　Illustratorで画像の土台を作る

Illustratorのパスで素材の形を作り、そこの部分だけスクリーンショットを撮ります。

 端のリボンの切れたところなど、少し手間のかかるベクターイラストは生成AIで生成して時短しよう！

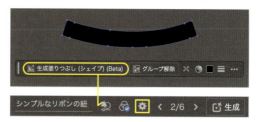
↑ための線を曲線にして作成したよ♪

Step 2　リボンを生成する

Step①で土台ができたら、[生成塗りつぶし（シェイプ）(Beta)]をクリックし、プロンプトに［シンプルなリボンの紐］と入力します。歯車マークをクリックし、以下の内容を設定していきましょう。

［シェイプの強度］→高
［ディテール］→最低
［効果］→ ❶ フラットデザイン
［カラーとトーン］→ ❷ 白黒

Step 3　生成したら色を変える

Step②で生成し、バリエーションの中から選んだら、デザインに合うように色をお好みで調節したりしましょう。

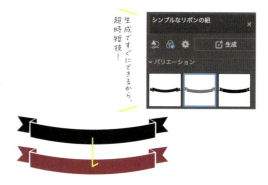
生成ですぐにできるから、超時短技！

201

Prompt アイデア集

画像を生成するときに欠かせないプロンプトのアイデアと見本を集めました。このアイデア集をヒントにして生成し、デザインの中に活かしましょう！

プロンプト
ダンボール素材のテクスチャ

プロンプト
デニム生地のテクスチャ

プロンプト
白いファーのテクチャ
効果：多重露光

プロンプト
芝生のテクスチャ
効果：表面のディテール

プロンプト
白のキルティングレザー

プロンプト
黒のレザー素材
効果：表面のディテール

プロンプト
ピンクのラメテクスチャ

プロンプト
朝日が綺麗な白い壁の影
効果：マクロ写真

プロンプト
きめ細やかなコルクボードのテクスチャ
効果：表面のディテール

プロンプト
白の木目

プロンプト
淡い薄めの黄色の壁のテクスチャ
効果：パステルカラー

プロンプト
コンクリートの壁紙テクスチャ
効果：表面のディテール

プロンプト
きめ細やかな白い泡のテクスチャ

プロンプト
月面模様
効果：表面のディテール

プロンプト
細かい石の淡い色のテクスチャ
効果：シンプル

プロンプト
淡い白めの油絵具のテクスチャ
効果：鮮やかなカラー

プロンプト
黄色の水彩絵の具のテクスチャ
効果：水彩画

プロンプト
お花が敷き詰められた
効果：鮮やかなカラー

プロンプト
白と金の大理石のテクスチャ

プロンプト
きめこまやかな砂のテクスチャ
効果：表面のディテール

プロンプト
クリーム色の真っ直ぐ布
効果：糸／表面のディテール

プロンプト
白いケント紙のテクスチャ
効果：写真

プロンプト
月面模様
効果：表面のディテール

プロンプト
白い羽のパターンテクスチャ

プロンプト
淡い色のピンクのマーブル模様
効果：パステルカラー

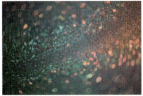

プロンプト
キラキラとしたネオンのテクスチャ
効果：ボケ効果／表面のディテール

プロンプト
レンガの壁紙
効果：表面のディテール

プロンプト
ブラウンのギンガムチェックの真っ直ぐな布　効果：シンプル／懐かしさ

プロンプト
アンティークな花柄
効果：表面のディテール

プロンプト
ボタニカルパターン

プロンプト
ふわふわの水玉模様　柄
効果：鮮やかなカラー

プロンプト
英字新聞紙コラージュ
効果：新聞紙のコラージュ

プロンプト
メンフィス柄　白背景
効果：幾何学的

プロンプト
さくらんぼ柄　白背景
効果：フラットデザイン

プロンプト
ドロッピング柄
効果：ペンキの飛び散り

プロンプト
レトロなポスターのコラージュ

プロンプト
手書きの植物のパターン
効果：フラットデザイン

プロンプト
ハート均一のパターン
効果：手書きテクスチャ／単色

プロンプト
ペイズリー柄

プロンプト
ダマスク柄　効果：落ち着いたカラー／表面のディテール

プロンプト
板の四角いチョコレート柄
効果：表面のディテール／シンプル

プロンプト
星がかがやくパターン
効果：ドット絵

プロンプト
ゼブラ柄

プロンプト
ヒョウ柄

プロンプト
牛の毛皮

プロンプト
葉のパターン

プロンプト
大人っぽいチューリップ

プロンプト
ドライフラワー柄

プロンプト
ハートパターン

プロンプト
星柄

プロンプト
水玉模様

プロンプト
千鳥格子

プロンプト
モンドリアン柄

プロンプト
オーバーチェック柄

プロンプト
アーガイル

プロンプト
蝶々柄

プロンプト
羽模様

プロンプト
グレーの鉄の鉄球白い背景

プロンプト
黄色の丸いツルツルスライム　白い背景

プロンプト
ピンクのゴムボール　白い背景

プロンプト
水色の水ボール　白い背景

プロンプト
空気で膨らんだ黒いビニール素材　白背景

プロンプト
アルミ素材の個体　白背景

プロンプト
ティッシュ素材　白背景

プロンプト
レザー素材　白背景

プロンプト
クッキー素材　白背景

プロンプト
リボン素材　白背景

プロンプト
銀のテープ素材　白背景

プロンプト
透明なビニール素材　背景白

プロンプト
コンクリートの球　背景白

プロンプト
白い石鹸　背景白

プロンプト
月の球　背景白

 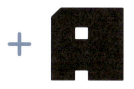 

プロンプト
コンクリートの素材　背景白

構成 ＞ 画像アップロード ＞　強度 ―――――○　MAXに！

プロンプト
クッキー素材　白背景

構成 ＞ 画像アップロード ＞　強度 ―――――○　MAXに！

プロンプト
黄色の丸いツルツルスライム素材　白い背景

構成 ＞ 画像アップロード ＞　強度 ―――――○　MAXに！

プロンプト
空気で膨らんだ黒いビニール素材　白背景

構成 ＞ 画像アップロード ＞　強度 ―――――○　MAXに！

プロンプト
ピンクのゴムボール素材　白い背景

構成 ＞ 画像アップロード ＞　強度 ―――――○　MAXに！

ingectar-e 株式会社インジェクターイー / デザイン会社

ブランディング・グラフィック・Webデザイン制作の他、イラスト素材集やデザイン教本などの書籍の執筆、制作をしている。著書は50冊以上、代表作に「3色だけでセンスのいい色」(インプレス) 20万部。「けっきょく、よはく。余白を活かしたデザインレイアウトの本」(ソシム) シリーズ累計50万部突破。オンラインデザインスクール「Fullme」講師＆コンテンツ制作もしている。

【URL】https://ingectar-e.com

本文デザイン制作	寺本 恵里　仁平 有紀
カバーデザイン	仁平 有紀
編集	鈴木 勇太

■本書サポートページ
https://isbn2.sbcr.jp/31307/

生成AIを用いた新しいデザインの作り方
はじめてのAIデザイン

2025年4月6日初版第1刷発行

著　者	ingectar-e
発行者	出井 貴完
発行所	SBクリエイティブ株式会社
	〒105-0001　東京都港区虎ノ門2-2-1
	https://www.sbcr.jp
印刷・製本	株式会社シナノ

落丁本、乱丁本は小社営業部にてお取り替えいたします。定価はカバーに記載されております。

Printed in Japan ISBN 978-4-8156-3130-7